中华人民共和国住房和城乡建设部《城市黑臭水体整治——排水口、管道及检查井治理技术指南(试行)》

释　　义

张　悦　唐建国　主编

中国建筑工业出版社

图书在版编目(CIP)数据

城市黑臭水体整治—排水口、管道及检查井治理技术指南（试行）释义/张悦，唐建国主编．—北京：中国建筑工业出版社，2016.12（2020.10 重印）

ISBN 978-7-112-20051-1

Ⅰ.①城… Ⅱ.①张… ②唐… Ⅲ.①城市污水处理-研究-中国 Ⅳ.①X703

中国版本图书馆 CIP 数据核字（2016）第 260481 号

责任编辑：石枫华　李　杰
责任设计：王国羽
责任校对：陈晶晶　张　颖

中华人民共和国住房和城乡建设部
城市黑臭水体整治——排水口、管道及检查井
治理技术指南（试行）释义
张　悦　唐建国　主编

*

中国建筑工业出版社出版、发行（北京海淀三里河路 9 号）
各地新华书店、建筑书店经销
北京红光制版公司制版
北京建筑工业印刷厂印刷

*

开本：850×1168 毫米　1/32　印张：4½　插页：1　字数：125 千字
2016 年 12 月第一版　　2020 年 10 月第二次印刷
定价：**48.00** 元

ISBN 978-7-112-20051-1
（29504）

前　言

住房城乡建设部组织编制的《城市黑臭水体整治——排水口、管道及检查井治理技术指南（试行）》已于2016年9月5日印发。住房城乡建设部要求各地结合实际，参照本技术指南，积极推进城市黑臭水体整治工作，保质保量完成任务。

为便于使用者理解和使用好技术指南，技术指南编制单位配套编写了《城市黑臭水体整治——排水口、管道及检查井治理技术指南（试行）释义》。

本释义对技术指南提出的排水口、管道及检查井调查、检测、评估、修复、治理和维护等一系列措施进行了详细地解释和说明，并提供了相关治理技术和案例。

编写单位：上海市城市建设设计研究总院
住房和城乡建设部城镇水务管理办公室
同济大学
中国城市规划设计研究院
福州市规划设计研究院
上海市政工程设计研究总院（集团）有限公司
上海市排水管理处
上海誉帆环境科技有限公司
管丽环境技术（上海）有限公司
武汉圣禹排水系统有限公司
汩鸿（上海）环保工程设备有限公司
上海凡清环境工程有限公司
北京派普维尔工程技术有限公司
北京绿恒科技有限公司
北京排水集团装备产业有限公司

编写人员：曹燕进　牛璋彬　张　杰　王家卓　高学珑
孙跃平　朱　军　陆松柳　刘凡清　庄敏捷
李　田　李习洪　卫　东　徐慧纬　陈　玮
高　伟　叶　茂　周　超　陈　灿　宋小伟
杨后军　魏　锋　李　浩　吴思全　江建权
吴坚慧　郁片红　王诗烽　周传庭　陈　嫣
谢　胜　胡　龙　李　通　贾　超　尹　磊
朱珑珑　纪莎莎　潘　赛　蔡睃雯　周佚芳
范　锦　张崭华　高　琼

在技术指南和本释义编写中，对张杰（院士）、杨向平、张辰、李艺、何伶俊、许光明、张剑、赵冬泉、王增义、谢小青等专家给予的热忱指导和帮助，在此谨致谢意！

中华人民共和国住房和城乡建设部

建城函〔2016〕198号

住房城乡建设部关于印发城市黑臭水体整治——排水口、管道及检查井治理技术指南（试行）的通知

各省、自治区住房城乡建设厅（水务厅）、直辖市建委（市政管委、水务局），新疆生产建设兵团建设局：

为贯彻落实国务院《水污染防治行动计划》确定的城市黑臭水体整治目标和工作要求，我部牵头制定了《城市黑臭水体整治工作指南》，提出控源截污、内源治理、生态修复等工作任务。控源截污是整治城市黑臭水体的基础工作，也是重中之重。为指导各地科学实施控源截污，我部组织编制了《城市黑臭水体整治——排水口、管道及检查井治理技术指南（试行）》。现印发给你们，请结合实际，参照本技术指南，积极推进城市黑臭水体整治工作，保质保量完成任务。

中华人民共和国住房和城乡建设部

2016年9月5日

目　录

1 总　　则

1.1 编制目的

为贯彻落实国务院《水污染防治行动计划》、《国务院办公厅关于推进海绵城市建设的指导意见》，按照《城市黑臭水体整治工作指南》的要求，指导各地准确把握当前整治城市黑臭水体的核心和关键问题，科学有效实施“控源截污”等城市黑臭水体整治相关措施，特编制本技术指南。

【解释】《国务院关于印发水污染防治行动计划的通知》（国发〔2015〕17号）明确提出，由住房城乡建设部牵头，环境保护部、水利部、农业部等参与，指导督促地方各级人民政府落实城市黑臭水体整治工作。采取控源截污、垃圾清理、清淤疏浚、生态修复等措施，加大黑臭水体治理力度，每半年向社会公布治理情况。地级及以上城市建成区应于2015年底前完成水体排查，公布黑臭水体名称、责任人及达标期限；于2017年底前实现河面无大面积漂浮物，河岸无垃圾，无违法排污口；到2020年，地级及以上城市建成区黑臭水体均控制在10%以内。直辖市、省会城市、计划单列市建成区要于2017年底前基本消除黑臭水体。到2030年，城市建成区黑臭水体总体得到消除。

2015年10月，国务院办公厅印发的《国务院办公厅关于推进海绵城市建设的指导意见》明确提出，海绵城市建设要以黑臭水体治理为突破口，要实施雨污分流，控制初期雨水污染，要加快建设和改造沿岸截流干管，控制渗漏和合流制污水溢流污染。该文件还明确提出“水体不黑臭”是海绵城市建设的主要目标之一。

为贯彻落实国务院《水污染防治行动计划》，指导地方各级人民政府加快推进城市黑臭水体整治工作，2015年8月28日住房城乡建设部会同环境保护部、水利部、农业部制定了《城市黑臭水体整治工作指南》，该指南明确了城市黑臭水体定义、识别与分级、城市黑臭水体整治方案编制、城市黑臭水体整治技术、城市黑臭水体整治效果评估、组织实施与政策保障等内容。

《城市黑臭水体整治——排水口、管道及检查井治理技术指南》是对《城市黑臭水体整治工作指南》中“控源截污”、“就地处理”技术的细化和具体化。

我国城市排水管网存在三个十分严重和突出的问题：一是敷设在地下水水位以下的排水管道，由于各类结构性缺陷和排水口的不完善，导致大量地下水等外来水入渗进入管道，加之受纳水体水倒灌进入管道，造成“清污不分”；二是分流制地区，雨污混接，导致雨水管中有污水，污水管中有雨水，雨水、污水不能“各行其道”；三是敷设在地下水水位以上的排水管道，污水外渗成为污染地下水和土壤的因素之一。上述问题久而不治，就会以排水口“常流水”和水体发生黑臭来表现，也会以城市发生道路塌陷来“报复”。

城市黑臭水体整治是城市水环境综合改善过程中重要的阶段性工作，是各城市人民政府在规定时间内需要完成的有限目标。地方各级人民政府管理人员和相关技术人员必须充分认识到“黑臭在水里，根源在岸上，关键在排口，核心在管网”。水污染物是通过沿水体的各类污水排水口、合流污水排水口和雨水排水口异常排放和溢流导致的，所以城市水体黑臭的根源在于城市建成区的水体污染物的排放量超出了水环境的容量，城市黑臭水体整治工作的关键在于对各类排水口的治理，其核心在于城市要有完善和健康的排水管网。因而，在强化排水管网建设的同时，要强化对排水管网及检查井的各类结构性缺陷的修复和混接点的治理，杜绝地下水、水体水等外来水进入排水系统，杜绝雨污混接。也只有这样，“控源截污”的作用才能够有效发挥。

自国务院发布《水污染防治行动计划》和住房城乡建设部等部门发布《城市黑臭水体整治工作指南》以来，各城市人民政府迅速行动，城市黑臭水体整治工作取得了积极的进展。各城市基本完成了黑臭水体的普查工作，不少城市已经完成了城市黑臭水体整治方案的编制，部分城市也已经启动了相应工程建设。然而在当前城市黑臭水体的整治工作中，还存在着一些认识不到位、目标不合理、策略不清晰、措施不得当等问题。有些城市在黑臭水体的整治过程中，只注重清淤；有些城市将主要资金都投入在水体本身上，甚至有些将调水冲污作为治理的主要对策；还有些城市将黑臭水体整治等同于流域的综合治理，提出了近期难以实现的目标。这些都不利于城市黑臭水体整治工作的顺利开展。

为了更进一步统一认识，明确城市黑臭水体整治工作的核心和重点，加强对各地方人民政府在城市黑臭水体整治工作中的技术指导，住房城乡建设部在广泛、深入调研的基础上，组织国内有关单位和相关技术人员编写了本技术指南。其主要目的在于从技术层面深化和细化城市黑臭水体整治的源头治理，指导各城市正确把握城市黑臭水体整治工作重点和技术要点，以确保能够如期完成国务院《水污染防治行动计划》中下达的目标和任务。

1.2 适用范围

本技术指南适用于城市建成区内黑臭水体整治工作。主要指导和规范“控源截污”措施涉及的城市市政各类排水口、排水管道及检查井治理等工作。

【解释】从20世纪90年代以来，我国先后建设了大量的排水管网和污水处理厂等设施，对城市水环境的改善起到了重要作用。然而有些城市排水管网存在建设标准不高，运行维护不到位等情况，导致前述问题普遍存在。不但浪费了大量物力和财力，也使得“控源截污”这一黑臭水体治理核心措施不能够发挥功效。为了统筹解决问题，恢复城市排水管网应有的截污功能和城市污水处理厂应有的治污功能，本指南针对各类排水口调查、改造，城市排水管道及检查井检测、评估、修复和治理方案、实施及效果评价，调蓄设施及末端处理设施，排水设施维护管理等提出了具体的技术措施，以最大限度地控制经排水管道和排水口排入水体的污染物总量，最大限度地控制污水外渗对地下水和土壤的污染。

城市是人口和社会财富高度集聚的地方，城市黑臭水体的问题影响人口多、范围广，不仅给人民群众带来了极差的感官体验，也是直接影响群众生产、生活的突出水环境问题。国务院《水污染防治行动计划》明确提出了城市黑臭水体整治的时间节点和工作目标。时间紧、任务重，各地应在有限时间内，抓住导致城市水体黑臭的主要矛盾、聚焦目标。

本技术指南主要用于指导各城市黑臭水体整治工作，包括各类居住区、新区、园区、企事业单位内部。鉴于当前我国水体黑臭问题不仅存在于城市地区，也存在于广大乡镇和农村地区，所以该类地区亦可参照执行。

1.3 基本原则

控源为本，截污优先。以控制污染物进入水体为根本出发点，加大污水收集力度，提高污水处理效率；强化混接污水截流等措施，最大限度地将污水输送至污水处理厂进行达标处理。

科学诊断，重在修复。在科学调查和诊断现有排水系统的基础上，合理制定排水口、管道及检查井治理方案，优先将工作重点放在排水口治理，消除污水直排，最大限度杜绝排水口“常流水”及倒灌。

建管并重，强化维护。在加大排水设施建设力度的同时，强化排水口、排水管道、检查井的运行维护，严格控制排水管道、泵站的运行水位，提升运行效率；鼓励通过招投标择优选择专业单位实施检测、修复和维护，探索按效付费的模式。

综合施治，协同推进。在做好控源截污的基础上，积极推进排水管道进入城市地下综合管廊，促使排水系统质量提升，消除外来水入渗、污水外渗和雨污混接；加强与海绵城市建设结合，从源头管控雨水径流，有效减少溢流污染；因地制宜推进水系生态修复，有效提升水体自净能力。

【解释】截污是减少进入水体污染物最直接，也是最有效的措施，但是面对已有排水口的“常流水”，一堵了之是行不通的，特别是雨水排水口、合流排水口堵不住，也不能够堵。这就需要在调查和诊断、摸清存在问题的前提下，对症下药，制定切实可行和行之有效的措施。在对排水口实施改造、解决污水直排和水体水倒灌问题的同时，修复导致地下水入渗、污水外渗的缺陷，解决混接问题，这样才能够从根本上杜绝“常流水”。同时要让排水设施发挥好作用，一定要重视包括排水口在内排水设施的运行维护，其一可以及时发现问题和解决问题，其二则能够有效避免排水管道中因清通不及时，淤积物在雨天冲入水体。此外，结合海绵城市建设和推进排水管道进入综合管廊，借力从源头管控雨水径流，有效减少溢流污染，促使排水系统质量的提升，减少排水管道各类缺陷产生是系统提升水环境质量，避免水体黑臭的对策。

1.4 治理目标

消除旱天污水直排，削减雨天溢流。旱天，确保各类排水口无污水排放；雨天，有效降低排水口溢流。各地应结合当地雨型、雨量、受纳水体情况和“海绵城市”建设，具体制定溢流控制标准，原则上治理后的溢流频次应降低50%以上。

提升污水处理效益，减少污水外渗。排水管道敷设在地下水水位以下的地区，城市污水处理厂旱天进水化学需氧量（COD_{Cr}）浓度不低于260mg/L，或在现有水质浓度基础上每年提高20%；排水管道敷设在地下水水位以上的地区，污水处理厂年均进水COD_{Cr}不应低于350mg/L。有效降低污水外渗量，减轻对地下水和土壤污染的影响。

【解释】城镇污水处理厂进水浓度升上去，排入水体的污染物浓度才能够降下来。目前我国很多城市居住小区污水化学需氧量（COD_{Cr}）排放浓度超过400mg/L，但是众多的城镇污水处理厂进水COD_{Cr}浓度却不足200mg/L，甚至不足100mg/L，最直接原因就是地下水等外来水入渗、雨水混接和水体水的倒灌。通过管道和检查井等缺陷检测和修复、混接分流及倒灌治理后，不但可以提升城镇污水处理厂的治污功效，同时也为黑臭水体治理截污腾出了容量。只有对雨水管道和合流管道存在的缺陷和混接进入雨水管道的污水进行分流治理后，才能从根本上实现雨水、合流排水口旱天不出流，也才能够把排水泵站的运行水位降下来。

降低系统运行水位，恢复截流倍数。污水管道运行水位不高于设计充满度，最大充满度不超过0.9。雨水、合流制提升泵站运行水位原则上不高于进水管管顶。无截流干管的合流制系统应增加截流干管，其截流倍数应满足《室外排水设计规范》要求；有截流系统的合流制，恢复原设计的截流倍数。雨水管道不得作为合流管道或者污水管道使用。

【解释】污水管道高水位运行极易导致排水户内部污水冒溢，而解决冒溢一个错误方法就是将污水管接入雨水管中，这就人为造成雨污混接。雨水、合流制泵站高水位运行，虽然能够依靠管内水压力“堵住”地下水入渗，也能够减少旱天频繁开泵造成的溢流，但是其解决不了污水混接问题，也给管道清淤带来困难，存在管中的污染水在泵站运行时，就直接排到水体中，造成污染，而且其污染浓度更高。

1.5 技术路线

黑臭水体整治中排水口、管道及检查井治理的技术路线如图1-1所示：

【解释】排水口、管道及检查井治理内容很多，调查和治理的工作量也很大，更需要抓核心、抓关键点、抓重点。为此，技术路线提出了四条路径：一是在查排水口旱天有无污水直排（包括雨水排水口有无污染水排放）的基础上，提出确定和强化各类排水口的治理、污水收集处理对策；二是在查排水口雨天有无溢流污染的基础上，制定管道及检查井缺陷（包括混接）的检查（调查）、调蓄和就地处理及设施维护的具体措施，治理排水口、控制合流溢流污染、防止倒灌；三是在查污水处理厂进水量的基础上，结合地下水位情况和排水管道缺陷（包括混接）调查，解决污水外渗和地下水入渗、倒灌问题；四是在查污水处理厂进水浓度的基础上，针对进水浓度异常偏低，采取措施解决排水口倒灌、管道及检查井的地下水入渗问题。

技术指南可以用“一个核心，七大措施，多项目标”来概括。即以“控源截污”为核心，通过“查、改、修、分、蓄、净、管”等措施，解决“关键在排口，核心在管网”的问题；达到消除黑臭、减少污水外渗、提高污水治理高效等“一箭多雕”的目的。“改”就是对各类排水口采取堵、截和其他改造措施，堵住直排污水、截流混接水、防治河水倒灌。“修”就是针对排水管道和检查井各类缺陷，有针对性地采取修理措施，特别是要封堵地下水渗入、污水外渗。“分”就是采取有效对策，治理雨污混接，让雨水、污水各行其道，实现雨污分流。“蓄”就是在系统中设置针对初期雨水、雨污混接水的截、贮等措施，减少直接排放对水体的影响。“净”就是采取就地应急处理措施，在初期雨水、雨污混接水排放水体前，再上一道锁。“管”就是强化对系统的维护管理措施，减少管道淤泥对水体的污染。

2 排水口调查与治理

排水口是指向自然水体（江、河、湖、海等）排放或溢流污水、雨水、合流污水的排水设施。排水管道（包括渠、涵）系统不完善，或存在缺陷和维护管理问题时，就会在排水口产生污水直排或者溢流污染，这是引起水体黑臭的主要原因。同时，排水口设置不合理，还会造成水体水倒灌进入截流管或污水管道中，不但降低了污水处理厂进厂污水浓度，也增加了污水处理厂进水水量负荷，降低了治污功效。

排水口治理是“控源截污”一系列措施中的重要环节，应在充分调查的基础上，针对不同类别排水口存在的具体问题，因地制宜采取封堵、截流、防倒灌等综合治理措施，对排水口实施改造。

排水口现场调查作业与治理应符合现行行业标准《城镇排水管道维护安全技术规程》CJJ 6、《城镇排水管道与泵站运行、维护及安全技术规程》CJJ 68 等有关规定。现场使用的检测设备，其安全性能应符合现行国家标准《爆炸性气体环境用电气设备》GB 3836 的有关规定。从事排水口调查与治理的单位应具备相应资质，调查与治理人员应培训合格后，方可上岗。

2.1 排水口分类

2.1.1 分流制排水口

1. 分流制污水直排排水口

分流制排水体制中，向水体直接排放污水的排水口，直接导致水体污染。

【解释】*在分流制排水体制的城区，由于城市污水管网建设不完善，或污水纳管监管不到位，生活和工业废水偷排等原因，*

造成污水直接排入水体。

2. 分流制雨水直排排水口

分流制排水体制中，向水体直接排放雨水的排水口，因在降雨初期排放的雨水水质较差，会给水体带来一定程度的污染。

【解释】由于大气及城市地表污染等各种因素的影响，会有大量成分复杂的污染物通过雨水淋洗、冲刷进入水体，造成地表水环境的污染，尤其是降雨初期阶段。表 2-1 为国内部分城市的初期雨水水质数据，可以看出小区路面和城市街道的径流污染负荷很高，且浮动范围大，若直接排放会造成受纳水体水质污染。此外，由于道路清扫、浇洒、餐饮、洗车等通过雨水口非直接接入的污水和地下水入渗雨水排水管道及检查井，该类排水口也可能存在旱天排水及管道沉积物进入水体的问题。

表 2-1 国内部分城市初期雨水水质统计（单位：mg/L）

汇水面	悬浮物（SS）	生化需氧量（COD_{Cr}）	总氮（TN）	总磷（TP）
纯雨水	＜20	25～43	2.5	0.088
屋面	0～136	4～328	4～4.091	0.22～0.94
小区路面	10～650	6～530	4.9～6.04	0.3～0.53
城市街道	296～2340	95～1420	5.7～13	0.5～5.6

3. 分流制雨污混接雨水直排排水口

分流制排水体制中，因雨水排水管道存在混接污水，故旱天会向水体排污，同时也存在初期雨水污染。

【解释】在分流制排水体制中，由于雨、污水管道混接、错接，导致雨水直排排水口出水中混入污水，给受纳水体带来水质污染；同时，该类排水口由于道路清扫、浇洒、餐饮、洗车等通过雨水口非直接接入的污水和地下水入渗雨水排水管道及检查井，该类排水口也可能存在旱天排水及管道沉积物进入水体的问题。例如福州市城区实施分流制改造后，2011 年对 63 条内河的 3000 多个雨水排水口进行调查统计，发现存在旱天排水现象的雨水排水口有近 1400 个，约占 45.5%。

4. 分流制雨污混接截流溢流排水口

分流制排水体制中，针对雨污混接，在雨水排水口实施了截流措施的排水口，其存在溢流污染与水体水倒灌的问题。

【解释】分流制雨污混接截流溢流排水口是在分流制雨水直排排水口的基础上进行截流改造后形成的，是应对旱天溢流的一种有效对策。旱天污水和雨天的混合污水经截流管道输送至污水处理厂，随着雨水径流的增加，当混合污水的流量超过截流干管的输水能力时，就会有部分混合污水通过排水口溢流进入受纳水体。此外，还存在水体水通过截流设施倒灌进入截流管道的情况，给污水处理厂进厂污水浓度带来较大冲击。

2.1.2 合流制排水口

1. 合流制直排排水口

没有截流干管的合流制排水口，其类似于分流制中雨污混接雨水直排排水口，但污水所占比重更大。

【解释】合流制直排排水口多见于老城区的合流制排水体制中。除了旱天污水直排给水体带来的污染外，雨天雨污合流水还会夹带着管道中的淤泥排入水体，详见图 2-1。

2. 合流制截流溢流排水口

合流制排水体制中，在合流管渠末端设置截流措施的排水口，存在溢流污染与水体水倒灌的问题。

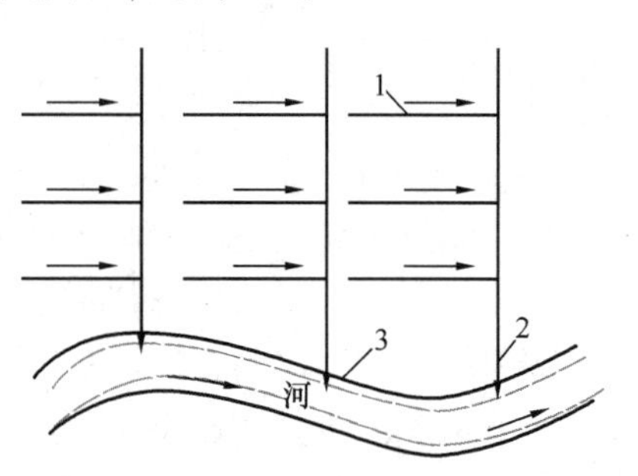

图 2-1　合流污水直排排水口示意图

1—合流污水支管；2—合流污水干管；3—合流制直排排水口

【解释】截流式合流制是合流制的重大改进，特别是有较大截流倍数的截流干管的系统，在较大幅度地减少旱天污水排放基础上，也降低了雨天溢流水量。但是，由于地下水入渗、截流干管截流倍数偏低、排水口设置不合理等原因，其排水口也存在合流制直排排水口的问题。另外，我国大部分合流制地区的污水处理厂在设计时，并没有考虑雨天截流雨污合流水的处理，超过污水处理厂能力的截流水，在污水处理厂末端未经处理仍会排入水体，详见图 2-2，溢流和倒灌情况详见图 2-3。

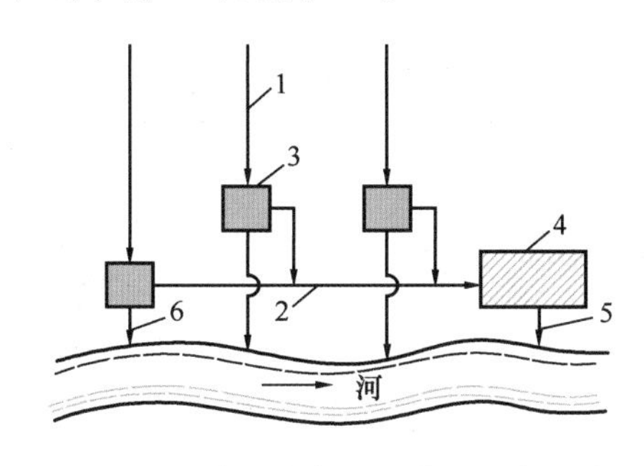

图 2-2　合流制截流排水口示意图

1—合流污水干管；2—截流干管；3—合流污水溢流井；4—污水处理厂；5—污水处理厂排水口；6—合流污水截流溢流排水口

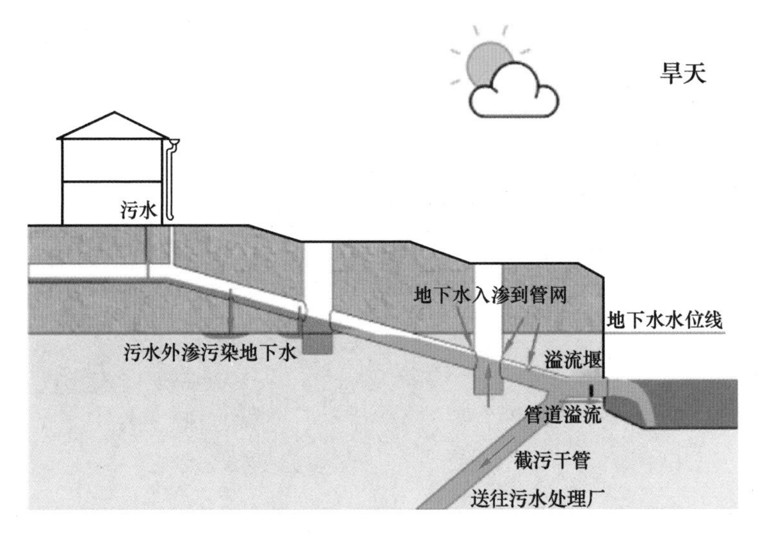

图 2-3（*a*）　合流制截流溢流排水口旱天污水溢流示意图

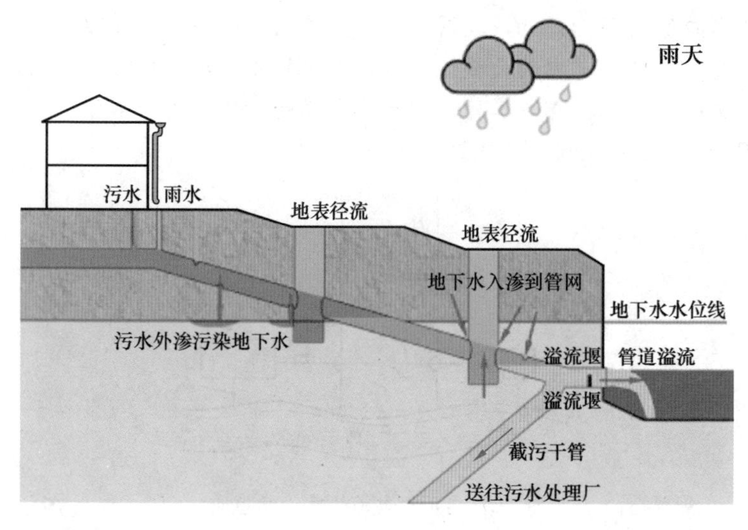

图 2-3（*b*）　合流制截流溢流排水口雨天合流污水溢流示意图

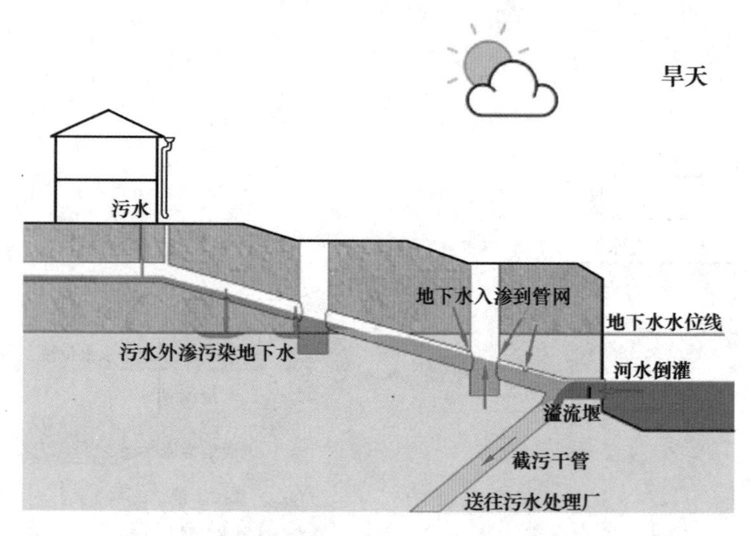

图 2-3（*c*）　合流制截流溢流排水口水体水倒灌情况示意图

2.1.3 其他排水口

1. 泵站排水口

通过泵站提升、进行集中排水的排水口，包括分流制雨水泵站、合流制提升泵站和截流泵站。其存在严重的溢流污染问题，是需要治理的重点。

【解释】泵排系统，也称为强排系统，一般由进水总管、格栅、进出水闸门井、吸水井、水泵机组、出水管道、排水口及附属设施等组成，国内大中城市多采用泵排系统。泵排系统除存在上述排水口一些共性问题外，还存在一些个性问题：一是由于水泵机组需要定期试车，试车期间，会将管道内污染物排入水体中；上海在雨水排水泵站内强制设置“回笼水管”，让试车水打循环，但是在雨天开泵时，“回笼水管”中的污染水仍然直接排入水体，且污染物浓度很高。二是由于污水泵站高水位运行，可能导致上游排水户污水冒溢，加之管理不严，上游排水户往往就将污水管改接到雨水系统，人为造成污水混接到雨水管道中，导致雨水排水泵站旱天和雨天的溢流污染。三是由于分流制系统污水混接和地下水入渗问题，导致排水泵频繁启动，发生旱天溢流；为此雨水泵站多采用高水位运行（启动水位高于地下水水位），同时在吸水井内加设污水截流泵，旱天将吸水井中的水抽至污水管道系统，这些做法虽然能够在一定程度上解决旱天频繁启动带来的溢流污染问题，但是由于在降雨前需要预抽空以保证雨天排水安全，预抽空排水对水体仍然会造成污染威胁，许多城市水体“下雨就黑”与此有很大的关系。排水泵站在高水位运行，虽然减缓了地下水的入渗，但是雨水泵站加设截流措施的方法并不能够解决污水混接和地下水入渗问题。而且污水截流泵抽取的主要是入渗的地下水，不但增加了污水系统的水量负担，也降低了污水处理厂的污染物浓度。

2. 沿河居民排水口

沿河居住的居民因污水管道敷设条件差，生活污水直接排放到水体的“排水口”，是受纳水体黑臭的主要原因。

【解释】特别是南方水网地区，沿河堤建设的住房、餐饮、农家乐城乡养殖户等，因缺少有效污水收集系统，其污水大都直接排到水体，是“控源截污”的难点和重点。

3. 设施应急排水口

污水泵站、合流泵站和污水处理厂设置的应急排水口。

【解释】为了防止污水泵站、合流泵站和污水处理厂在停电、设备故障等事故期间发生水淹事件，通常设有超越泵站、污水处理厂的事故排水口，事故期间的污水直排会给水体带来较大的污染。

2.2 排水口调查

排水口调查的目的是摸清排水口的类型、污水来源和存在的具体问题，掌握排水口排放和溢流的水量与水质特征，为制定治理措施提供第一手资料。

2.2.1 前期调查

1. 资料收集

前期调查需要收集的资料包括：设计资料、现状设施资料、维护管理档案等。

【解释】在对排水口进行现场调查前，应先查阅存档资料，这有助于为现场调查提供依据、指明方向，并减轻部分现场调查的工作量。通过对存档资料的分析与梳理，可初步掌握调查区域的排水口地理位置、排水体制、排水口出水形式等。设计资料包括规划文件、管线和设施设计文件等；现状资料包括管线竣工档案、管线勘测资料、地形图等；维护管理档案包括有关单位对排水口的相关监测资料。

2. 资料分析

1）在调查区域的排水系统平面图上，对全部排水口进行数字排序。

2）按序号对排水口进行一级分类编号，编号用大写字母表示，详见表 2-2。

表 2-2 排水口类型符号表

排水口分类	分流制污水排水口	分流制雨水排水口	分流制雨污混接雨水排水口	分流制雨污混接截流溢流排水口	合流制直排排水口	合流制截流溢流排水口	沿河居民排水口	泵站排水口	设施应急排水口	暂无法判明类别排水口
排水口分类符号	FW	FY	FH	FJ	HZ	HJ	JM	B	YJ	X

3）根据排水口排出水的类别和存在问题，对排水口进行二级分类编号，用数字表示，详见表 2-3。

表 2-3 排水口二级分类编号表

排水口排水类别	污水直排	混接污水	地下水入渗	倒灌	其他问题
二级分类编号	1	2	3	4	5

4）对资料分析进行汇总，结合现场初步调查，形成排水口前期调查记录表，作为下一阶段现场调查的基础资料，记录表形式参照附录 A。

【解释】有多种问题并存时，应予顺排，以说明存在的问题类型。如：分流制污水排水口有污水排出，且有地下水入渗，标示为“FW-1/3”；分流制雨污混接截流溢流排水口有混接污水、有地下水等外来水入渗，且存在倒灌，标示为“FJ-2/3/4”。

2.2.2 现场调查

1. 调查任务

1）复核前期调查所收集的排水口资料。

【解释】现场可采取拍照的方式，进行资料核查，照片是调查报告的重要内容。照片序号应与平面图及调查表中的排水口序号一一对应，并能够体现排水口出水水量及排水口与受纳水体水位的高程关系。

2）归类前期调查无法判明类别的排水口。

3）排查在前期调查中遗漏的排水口。

4）细化溢流排水口污水来源、溢流污染、水体水倒灌等调查和分类。

5）完善前期调查记录表，作为调查报告的主要组成部分，为下一阶段的排水口治理与改造提供基本依据。

2. 调查内容

1）排水口基本参数调查：受纳水体水位、潮汐及其他概况，排水口位置（坐标、高程）、形状、规格、材质、挡墙形式及现场照片等，可根据现场情况增设调查子项。

2）排水口附属设施调查：包括附属于排水口或其截流设施的闸、堰、阀、泵、井及截流管道等。

【解释】排水口附属设施现场调查应结合前期调查的成果，对设施基本参数如溢流堰尺寸、截流管口径等进行详细测量。

3）排水口出水流量测量：可通过断面估算法、流速测量法或专用流量计等方式进行水量测算，分别在旱天和雨天进行，每次水量测量时间周期宜为24h。流量测量过程中，应保持排水口内排水流动无阻碍。

【解释】有条件的地区应选取当地几场具有代表性的典型降雨过程，进行排水口出水流量测量。

4）排水口出水水质检测：水质检测应按国家有关规定，由获得资质的检测机构出具水质检测分析报告；水质检测指标以COD_{Cr}为主，根据实际需要可增加悬浮性固体（SS）、氨氮（NH_3-N）、总磷（TP）、表面活性剂（LAS）、氯离子（Cl^-）等指标；水质检测宜与水量测量同步进行。

5）污水来源调查：根据前期调查阶段收集的排水口资料及分析，结合现场踏勘，对排水口中污水的来源进行确认，并对前期调查中未判明来源的污水进行现场调查。

【解释】排水口排放的污水，包括源头混接的污水、市政管道中混接的污水、初期雨水及道路浇洒、清扫、沿街餐馆、洗车污水经雨水口等非直接接入的污水。现场调查时应以排水口为起端，沿排水管道进行污水来源调查，调查重点为前期调查中发现的污水接入节点及现场可能存在污水混接的节点。

6）溢流频次调查：对设置截流设施的溢流排水口，应分析已有溢流频次记录；没有记录的应在旱天与雨天分别进行溢流调查，并详细记录不同降雨强度对应的溢流频次。

【解释】排水口的溢流频次调查应在旱天与雨天分别进行。单次的旱天溢流频次调查一般以24h为周期，以小时为单位对排水口的溢流出水次数、时段及对应平均流量进行详细记录；对同一区域的排水口应至少每半年进行一轮旱天溢流频次调查，每轮调查不少于2次。单次的雨天溢流频次调查以一场完整的降雨过程为周期，从排水口首次产生溢流开始，分别记录不同降雨强度下排水口的溢流出水流量；对同一区域的排水口，应遴选出几场具有代表性的典型降雨过程的数据作为雨天溢流频次参考。溢流频次调查可通过设置液位计或监控探头等方式对排水口溢流次数、溢流出水流量进行记录。

3. 调查方法

各地可根据实际情况，选取如下调查方法：

1）降低受纳水体水位：可通过设置临时拦水坝、围堰、下游抽排及水利闸组调度等手段，将调查水体水位降低至排水口底标高之下。

【解释】围堰高度应高于调查时段内调查水体可能出现的最高水位。有关措施实施前，必须经过当地相关管理部门审批。

2）调查岸上检查井：对于没有条件降低调查水体水位的地区，可对岸上与排水口相连的检查井进行调查。

3）现场检测：采取人工检测，有条件的地区应逐步建立在线监测系统，建立数据动态更新机制，实现对排水口出水水质、水量及溢流频次的实时监测。

4）潜水检测：由专业潜水员潜入受纳水体中探查、摄像。

4. 调查对象

现场调查应结合对排水口或岸上检查井的观测，对前期调查记录表进行复核、补缺、确认、梳理与最终归类。

1）排水口旱天调查：调查对象为旱天存在污水排放和有溢流污染的排水口，并进行三级归类编号，标注为“a”。

【解释】旱天调查应在用水高峰时段进行。对于间断式出水的旱天排水口，应在调查成果中备注出水时段及对应流量。如合流制截流溢流排水口，旱天有水溢流，根据其出水类型，标注为“HJ-3-a”。存在旱天溢流污染的排水口，应重点调查截流设施参数，如溢流堰高度、截流管管径及闸门等。对于破损、淤堵等特殊情况应在现场调查记录表中予以详细描述。

2）排水口雨天调查：调查对象为雨天存在污水排放和有溢流污染的排水口，并进行三级归类编号，标注为“b”。

【解释】雨天调查应选择在不同季节的多次降雨过程进行，并选取当地典型降雨过程作为调查成果选择的依据；有条件的地区还应对不同降雨历时及强度下的排水口出水水质进行同步检测和记录。如分流制雨污混接截流溢流排水口，雨天有水溢流，根据其出水类型标注为“FJ-2/3-b”；对于旱天和雨天都存在溢流的，则可标注为“FJ-2/3-a/b”。存在雨天溢流污染的排水口，应重点调查截流设施参数，如溢流堰高度、截流管管径及闸门等。对于破损、淤堵等特殊情况应在现场调查记录表中予以详细描述。排水口雨天溢流污染受降雨强度、峰值、历时等因素的影响较大，应选取当地几场典型降雨过程的调查数据作为调查成果参照。

3）水体水倒灌调查：调查对象为已设置截流设施的排水口和没有拍门、鸭嘴阀或者闸门等防倒灌措施的排水口。

【解释】宜在受纳水体常水位下对排水口岸上截流设施进行调查；通过直接观测或对截流管线上下游的邻近检查井进行水质与水量测量对比，判断是否存在水体水倒灌。对受潮汐水位影响或随季节更替存在规律性丰涸水位的水体，应在不同特征水位下对排水口截流设施是否存在倒灌分别展开调查，并记录相应水位数据。

2.2.3 成果编制

调查成果由调查图纸、调查记录表及调查报告组成。

1. 调查图纸

同一调查区域的调查成果应使用与当地基础测绘相一致的平面坐标和高程系统；调查成果底图比例尺不应小于1∶1000，宜采用1∶500。

2. 调查记录表

对现场调查记录表进行校核，形成调查记录表，参见附录B。

3. 调查报告

调查报告包括排水口调查的项目背景、调查范围、调查时段、调查时气候和气象情况、调查方法及调查成果。调查成果要能够反映排水口数量、尺寸、类别、排出水（溢流水）类别、时间和相应的水质、水量及存在的主要问题等，分类提出治理对策。对于因客观原因无法调查的排水口或存在特殊情况的排水口应予以说明。

2.3 排水口治理

2.3.1 治理对策

排水口治理必须与有效解决雨污混接、排水管道及检查井各类缺陷的修复以及设施维护管理统筹进行。本节仅重点提出各类排水口的治理措施。

1. 分流制排水口

1）分流制污水直排排水口

分流制污水直排排水口必须予以封堵，将污水接入污水处理系统，经处理后达标排放。污水不得接入雨水管道。

【解释】分流制污水直排排水口治理最有效的方法就是封堵该排水口，将污水截流接入污水处理厂处理。

2）分流制雨水直排排水口

当初期雨水是引起水体黑臭的主要原因时，可在排水口前或在系统内设置截污调蓄设施。

【解释】因地面清扫、浇洒、绿化、餐饮、洗车等通过雨水口的非直接接入污水和初期雨水，分流制雨水直排排水口在旱天和降雨初期的排放会给受纳水体带来污染。采取截污调蓄措施，对控制污水排放，减少对水体的污染具有重要作用。同时，应结合“海绵城市”建设和其他措施，削减初期雨水污染负荷；应积极修复排水管道及检查井各类缺陷，封堵地下水入渗；定期实施清通维护管理，减少沉积物进入水体。

3）分流制雨污混接雨水直排排水口

分流制雨污混接雨水直排排水口不能够简单地封堵，应在重点实施排水管道雨污混接改造的同时，增设混接污水截流管道或设置截污调蓄池，截流的混接污水送入污水处理厂处理或就地处理。在沿河道无管位的情况下，混接污水截流管道可敷设在河床下，但是该管道要采取严格的防河水入渗措施。排水口改造时，应采取防水体水倒灌措施。

【解释】分流制雨水混接直排排水口所属排水系统不但存在混接污水，同样也会因地面清扫、浇洒、绿化、餐饮、洗车等非直接接入污水和初期雨水，旱天和降雨初期给受纳水体带来污染。对分流制雨污混接的雨水直排排水口不能够简单地封堵，而应将系统的雨污分流治理作为治理重点。也可在分流制雨污混接雨水直排排水口实施混接污水截流措施，混接污水截流是分流制排水系统雨污分流治理措施的补充和完善。截流系统一般由截流管道、截流井及配套的截流与防水体水倒灌设施组成，截流的混接污水送入污水处理厂处理，或者就地处理；混接污水截流管管径宜按混接污水量，适当兼顾初期雨水量确定。在沿河道无管位的情况下，混接污水截流管道可敷设在河床下；敷设在河床下的混接污水截流管必须采取严格的防水体水入渗措施。采取截污调蓄措施，对于降低对水体的污染具有重要作用。同时，应结合“海绵城市”建设和其他措施，削减初期雨水污染负荷；应积极修复各类排水管道缺陷，封堵地下水入渗；应定期实施清通维护管理，减少沉积物进入水体。

4）分流制雨污混接截流溢流排水口

分流制雨污混接截流溢流排水口应在重点实施排水管道雨污

混接改造的同时，按照能够有效截流的要求，对已有混接污水截流设施进行改造或增设截污调蓄设施。排水口改造时，应采取防水体水倒灌措施。

【解释】分流制雨水混接截流溢流排水口不但存在混接污水，同样也会因地面清扫、浇洒、绿化、餐饮、洗车等非直接接入污水和初期雨水，旱天和降雨初期的溢流排放给受纳水体带来污染。对分流制雨污混接的雨水溢流排水口也不能够简单地封堵，而应在重点实施雨污分流治理的同时，对已有混接污水截流措施进行补充和完善，并采取防水体水倒灌措施，截流的混接污水送入污水处理厂处理后达标排放，或就地处理；采取截污调蓄措施，对于降低溢流对水体的污染具有重要作用。同时，应结合"海绵城市"建设和其他措施，削减初期雨水污染负荷；应修复各类排水管道缺陷，封堵地下水入渗；并定期实施清通维护管理，减少沉积物进入水体。截流式分流制详见图 2-4 所示，这种做法也称为"大分流，小截流"。

2. 合流制排水口

1）合流制直排排水口

合流制直排排水口应按照截流式合流制的要求增设截流设施，截流污水接入污水处理系统，经处理后达标排放。在沿河道无管位的情况下，截流管道可敷设在河床下，并应采取严格的防河水入渗措施。排水口改造时，要采取防水体水倒灌措施。

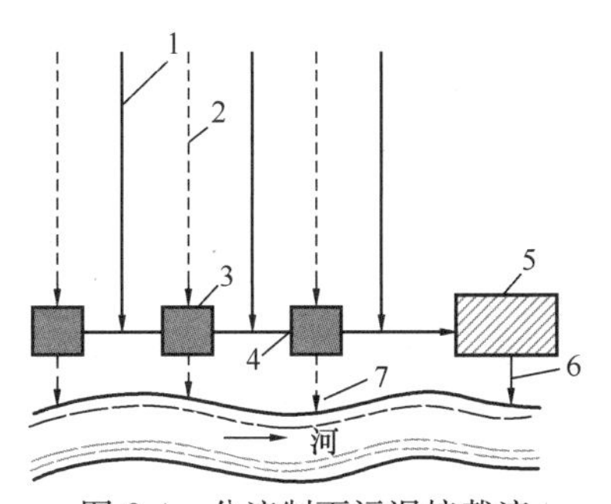

图 2-4　分流制雨污混接截流溢流排水口示意图

1—污水干管；2—雨水干管；3—截流井；4—截流干管；5—污水处理厂；6—污水处理厂排水口；7—分流制雨污混接截流式排水口

【解释】其治理最有效的办法就是在排水口前加设满足截流倍数要求的污水截流设施及实施排水口改造，并采取防水体水倒灌的措施。截流系统一般由截流管道、截流井及配套的截流与防倒灌设施组成，截流倍数应结合水体水质之需，按照《室外排水设计规范》GB 50014要求进行确定，末端污水处理厂应有处理雨季所截流合流污水的措施。在沿河道无管位的情况下，混接污水截流管道可敷设在河床下；敷设在河床下的混接污水截流管必须采取严格的防河道水入渗措施。同时，应结合“海绵城市”建设和其他措施，削减初期雨水污染负荷；应修复各类排水管道缺陷，封堵地下水入渗；定期实施清通维护管理，减少沉积物进入水体。

2）合流制截流溢流排水口

应有效提高合流制截流系统的截流倍数，保证旱天不向水体溢流。

【解释】截流式合流制排水口治理首先应是对截流干管和排水口的改造，截流倍数不足时，应结合受纳水体水质之需，扩大或者增设新的截流设施，截流倍数按照《室外排水设计规范》（GB 50014）要求进行确定，末端污水处理厂应有处理雨季所截流合流污水的措施。同时应结合“海绵城市”建设和其他措施，削减初期雨水污染负荷；应修复各类排水管道缺陷，封堵地下水入渗；应定期实施清通维护管理，减少沉积物进入水体。

3. 其他排水口

1）泵站排水口

在排水管道系统完善和治理的同时，根据现有泵站排水运行情况，优化运行管理，特别是要降低运行水位，减少污染物排放量。

【解释】其根本性治理措施应修复各类排水管道缺陷，封堵地下水入渗，改造雨污混接点；同时，各类排水泵站能否恢复设计运行水位，是衡量泵站排水口有无溢流污染的重要标准。

2）沿河居民排水口

对近期保留的居民住房，可采用沿河堤挂管、沿河底敷设管道的方法收集污水。

【解释】沿河挂管，或者在河底敷设污水收集管道可以有效解决污水管位问题，但是沿河挂管存在坡度不足的问题。两种敷设方式都要采取严格的防水体水入渗措施。

3）设施应急排水口

通过增加备用电源和加强设备维护，特别是加强事先保养工作，降低停电、设备事故发生引起的污水直排。

2.3.2 排水口治理新技术

根据排水口现状和存在问题，并结合新技术、新设备的适用条件，对排水口进行改造。

1. 溢流污染控制技术

1）液动下开式堰门截流技术：在排水口检查井中设置液动下开式堰门，通过油缸控制堰板上下运动，实现对溢流污染的控制。

【解释】旱天或小雨（不影响雨水排水安全）时，保持堰板一定高度，确保污水和初雨截流至截流管中；中、大雨时堰板向下运动，部分开启或全部开启堰板，以保证雨水排水安全。该工艺控制溢流水位精确，启闭迅速。在堰门全开时，过闸通道与流道完全匹配，不影响雨天排水。且当遇到停电时堰门可自动下降，保证排水安全。另外，在堰板升起时，还具有防水体水倒灌的功能；缺点是堰板闸室较深。详见图 2-5。

2）旋转式堰门截流技术：在排水口检查井中设置旋转式堰门，通过控制堰板旋转运动实现对溢流污染的控制。

【解释】旱天或小雨（不影响雨水排水安全）时，保持堰板旋转至一定角度，确保污水和初雨截流至截流管中；中、大雨时堰板顺时针旋转，部分开启或全部开启，以保证雨水排水安全。该工艺控制溢流水位较精确，过流损失较小，成本较低。另外，在堰板逆时针转动时，还具有防水体水倒灌的功能；缺点是堰门安装所需的平面空间较大。详见图 2-6。

3）定量型水力截流技术：在排水口检查井中设置定量型水力截流装置，通过浮筒的水力浮动对初期雨水进行定量截流，实现对溢流污染的控制。

【解释】旱天时，浮筒室中无水，浮筒处于浮筒室底部，密封球在浮筒的重力作用下，处于上限位，截流口开启，污水从旱流污水口流入截流管；降雨时，初雨从截流溢流槽溢流，从截流

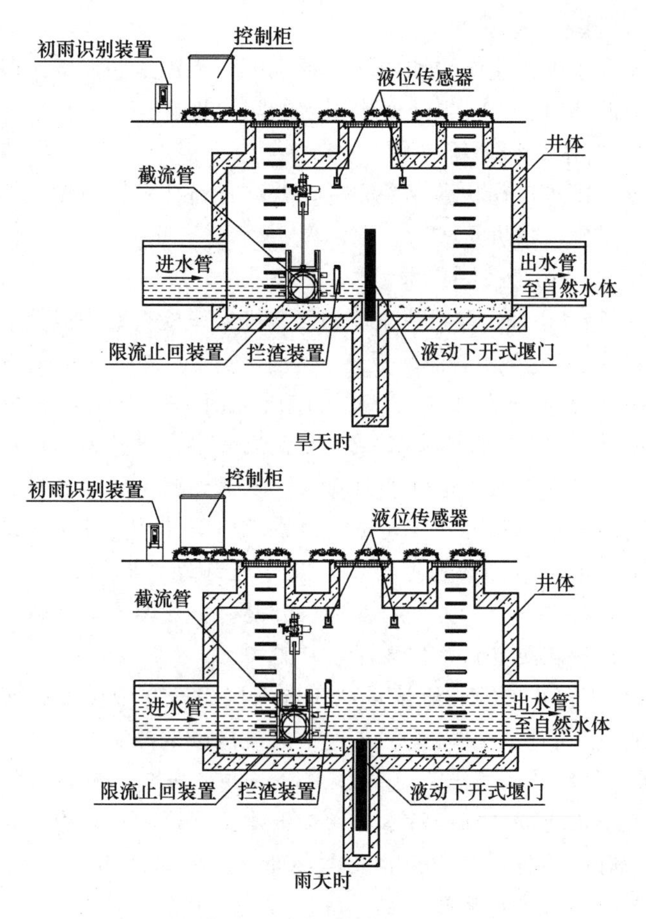

图 2-5　液动下开式堰门截流技术示意图

口流入截流管，同时初雨从浮筒室溢流槽溢流进入浮筒室，当浮筒室储满时，浮筒浮起，密封球关闭截流口，初雨截流完成，后期雨水从出水管排向自然水体。该工艺适用于不易取得电源的位置，对初雨的截流精确，无需外界动力；缺点是截流管与进水管需要有不小于 400mm 的落差。详见图 2-7。

4）雨量型电动截流技术：在排水口检查井中设置雨量型电动截流装置，根据雨量信息对初期雨水进行截流，实现对溢流污

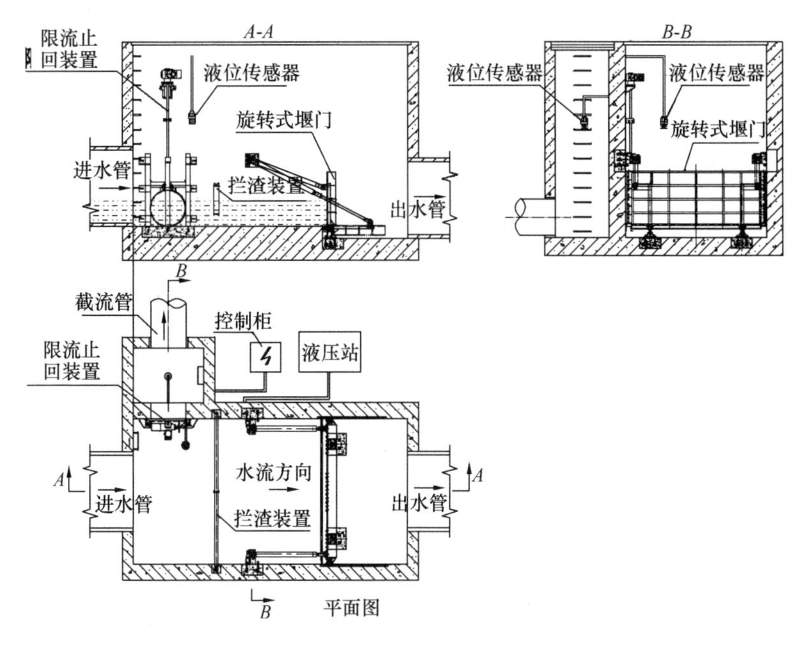

图 2-6　旋转式堰门截流技术示意图

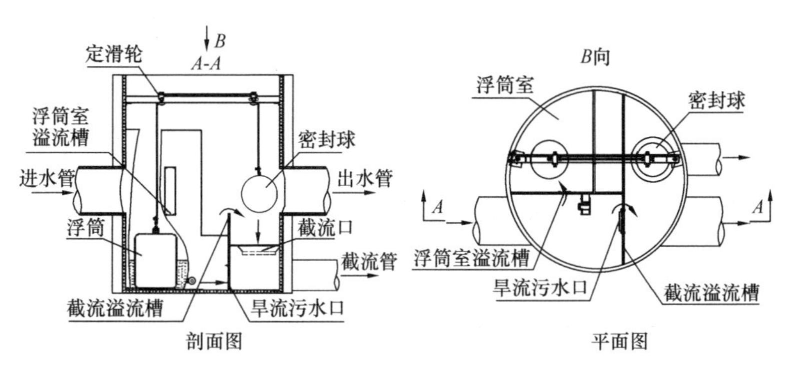

图 2-7　定量型水力截流井技术示意图

染的控制。

【解释】旱天时，升降式截流橡胶瓣止回阀处于开启状态，旱天污水截流至截流管，进入污水处理厂；降雨时，雨量计实时采集雨量信息，当达到所要收集的初雨量时，雨量计会反馈信号给控制系统，控制系统延迟一定的时间（初雨径流时间）后，控制升降式截流橡胶瓣止回阀关闭，后期雨水从出水管排向自然水体。该工艺能对初雨进行识别，截流精确，可以防止截流管回流；缺点是在截流管进口处要增设一个阀门井室。详见图 2-8。

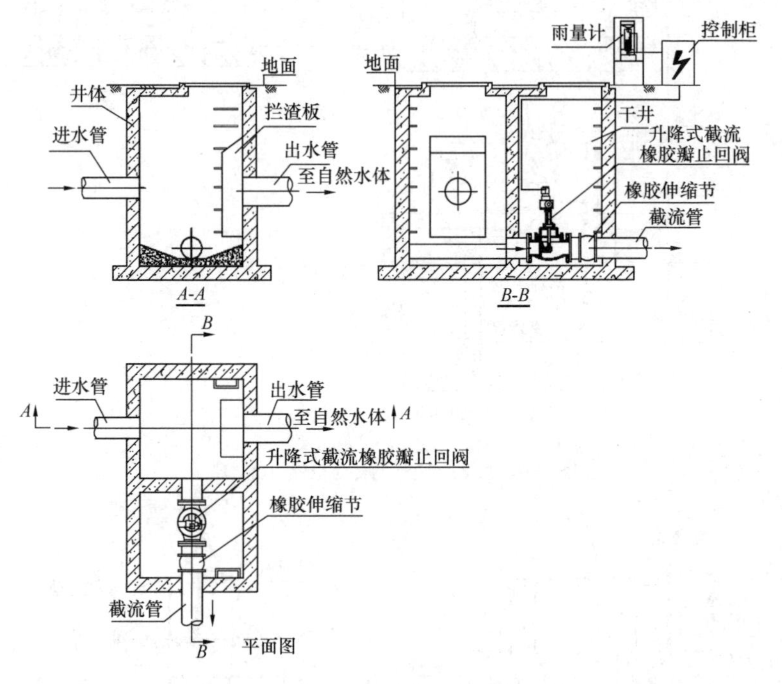

图 2-8　雨量型电动截流井技术示意图

5）浮箱式调节堰截流技术：在排水口前的检查井中设置无动力式浮箱调节堰截流装置，通过浮箱的水力浮动实现对溢流污染的控制。

【解释】浮箱式堰门无需外界动力，利用浮箱的浮力自动开启堰门，当水位到达设定水位时，水通过旁侧的进水口进入到浮箱室中，当浮箱所受的浮力大于堰门的重力时，堰门在浮箱浮力的作用下迅速开启，保证雨天排水安全。同时浮箱室内的水从小径出水管中流出，堰门缓慢关闭。详见图 2-9。

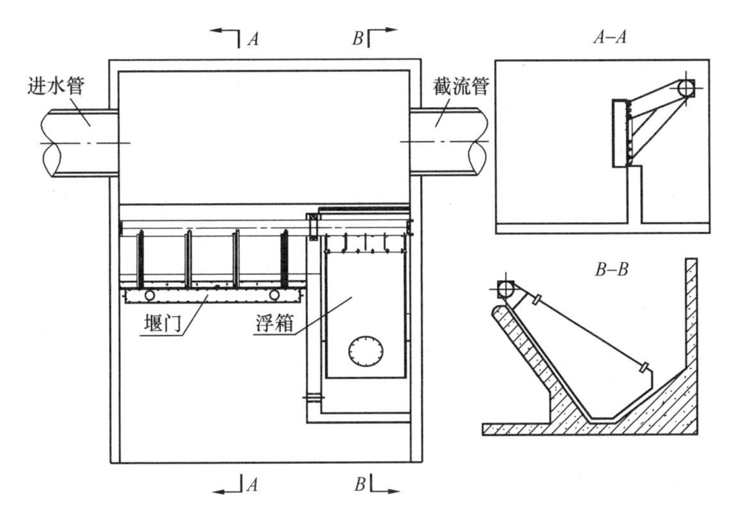

图 2-9　浮箱调节堰截流装置示意图

6）浮控调流污水截流技术：在排水口前的检查井中设置调流阀、浮渣挡板、除油浮筒和可调式溢流堰，通过设备的共同作用，实现对污水和初期雨水的分离。

【解释】浮控调流污水截流井可以有效地将旱天污水及初期雨水在截污区分流至截流管道，当达到设计水位后，截流管道自动关闭，后期来水经短暂沉淀和去除较大粒径的悬浮物及漂浮物后进入溢流区。该技术还具有防水体水倒灌的功能；缺点是设备较多。详见图 2-10。

2. 防水体水倒灌技术

1）水力止回堰门技术：在排水口检查井中设置水力止回堰门，堰门依靠自身的浮力和液位差进行旋转，防止水体水倒灌。

【解释】当自然水体水位较低时，水力止回堰门在重力的作用下处于水平状态；当自然水体水位上升到一定高度时，止回堰门的浮力大于自身的重力，浮力和自然水体的静压力共同作用对水力止回堰门产生一个逆时针方向的旋转力矩，止回堰门旋转至垂直状态，防止水体水倒灌。该工艺无需外界动力，结构简单，成本较低，方便改造。详见图 2-11。

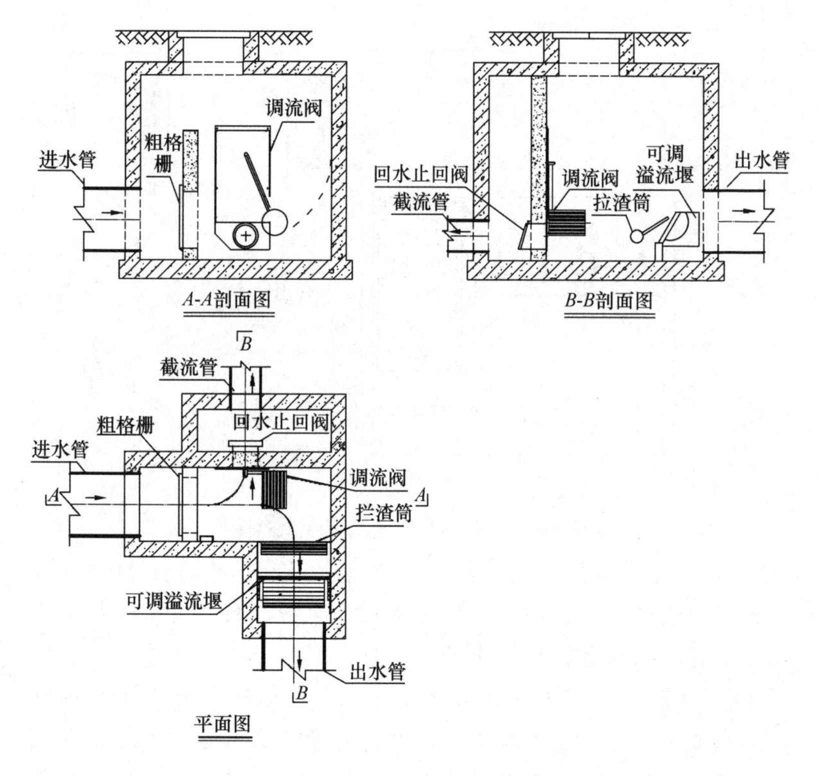

图 2-10　浮控调流污水截流井技术示意图

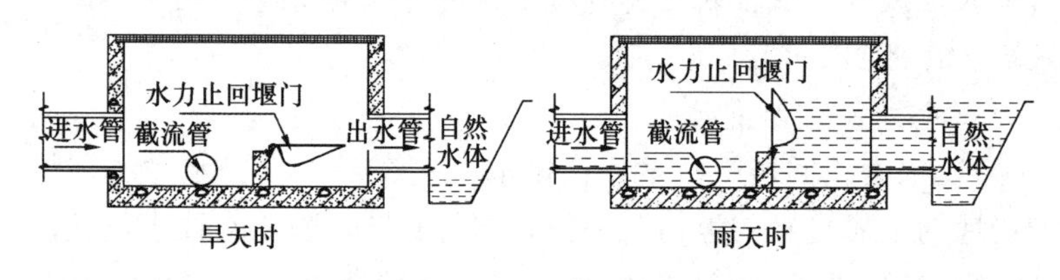

图 2-11　水力止回堰门技术示意图

2）水力浮动止回堰门技术：在排水口检查井中设置水力浮动止回堰门，堰门依靠自身的浮力上下运动，防止水体水倒灌。

【解释】水力浮动止回堰门门板上设有浮箱，当自然水体水位较低时，水力浮动止回堰门在重力的作用下处于最低位置，当自然水体水位上升到一定高度时，水力浮动止回堰门的浮力大于自身的重力，在浮力的作用下水力浮动止回堰门随着液位的上升而上升，堰顶始终高于自然水体一定高度，防止水体水倒灌。该工艺无需外界动力，结构简单，成本较低，方便改造，宜安装在排水口末端墙壁处。详见图 2-12。

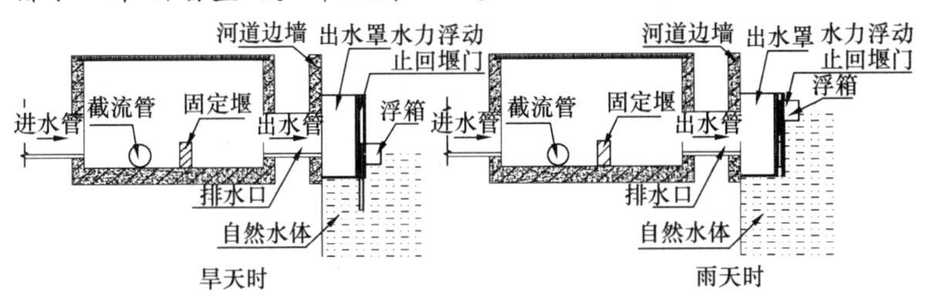

图 2-12　水力浮动止回堰门技术示意图

3）浮控限流技术：在排水口检查井中设置限流阀，在保证截流管恒定流量的同时，防止水体水倒灌进入污水管网。

【解释】浮控限流装置的设计理念就是依据不同的水位，通过浮球联动精确控制污水出水口的开启度，其过水流量和水头满足 Q-H 垂直水力特性曲线，从而保证恒定的过水流量，误差范围为±5%。在浮筒达到最高点时，可实现阀板的完全关闭。适用于可能出现倒灌的分流制雨水排水口、合流制排水口的改造。详见图 2-13。

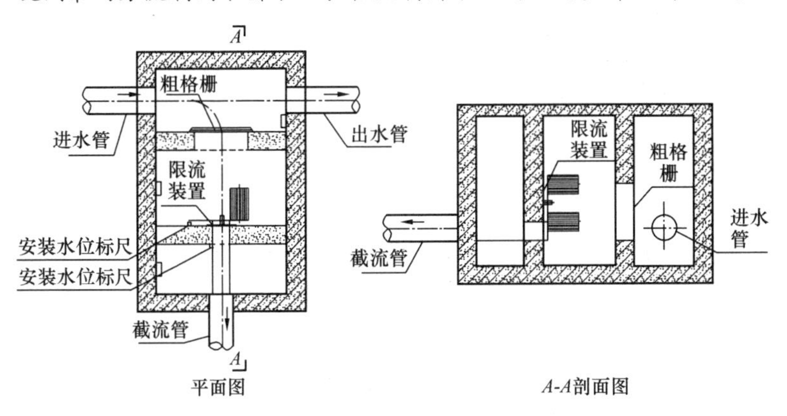

图 2-13　浮控限流技术示意图

4）水力浮控防倒灌技术：在排水口检查井中设置浮筒闸门，浮筒依据水体水位控制闸门开启度，防止水体水倒灌。

【解释】排水口处安装浮筒闸门，其启闭由下游受纳水体水位控制。当下游水位逐步抬升时，闸门随之逐渐关闭；当下游达到设计水位，浮筒闸门完全关闭，防止水体水倒灌；可以解决传统拍门出现的密封不严、污染物堵塞的问题，并能根据受纳水体水位自动调节排水情况。缺点为容易出现活动部件卡死的情况。详见图 2-14。

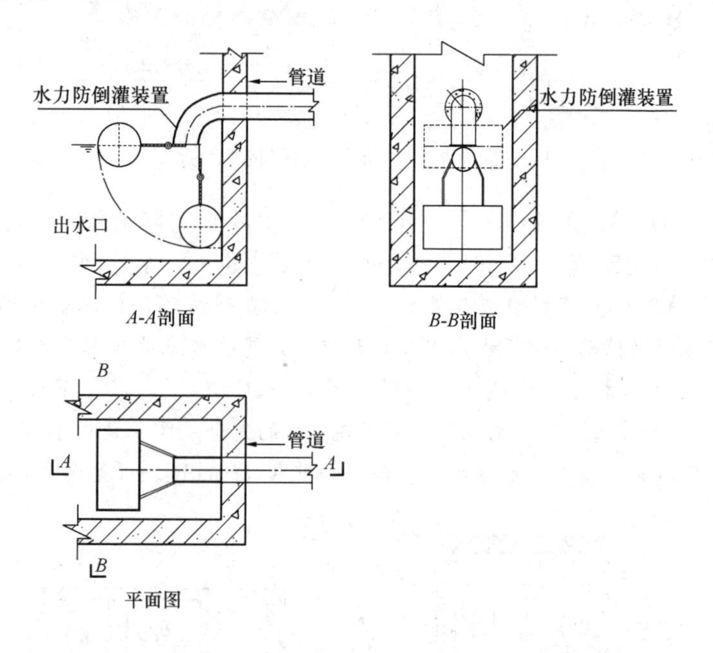

图 2-14　水力浮控防倒灌技术示意图

5）可调堰式防倒灌技术：在排水口检查井中设置可调式溢流堰，溢流堰可根据堰前后水压的不同，调节溢流堰堰高，防止水体水倒灌。

【解释】在排水口处设置可调溢流堰，可利用前后水位差，通过水流压力与机械弹力共同作用，自动调节堰高，实现及时泄洪和防止水体水倒灌的作用，保持管网与水体之间的水力平衡。在特殊情况下，也可以采用电机驱动控制堰高的改变。详见图2-15。

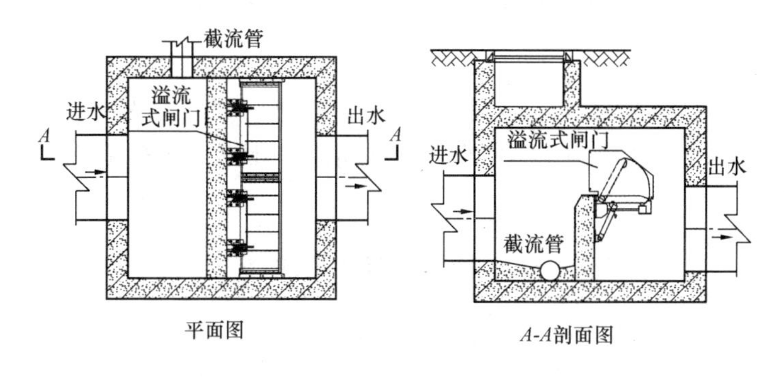

图 2-15　可调堰式防倒灌技术示意图

3. 排水口臭味控制技术

光催化氧化除臭技术：对排水口内及周边臭气进行主动收集，应用光化学催化氧化的基本原理，去除其中的恶臭物质，确保排水口暗涵沿线空气质量良好，并确保截污沟内气体的安全和稳定。

【解释】排水口周边经常出现恶臭气味，对城市环境和居民生活带来影响和不便。应用光化学催化氧化的基本原理，分解恶臭气体。该工艺除臭净化效率高，无二次污染，无须外加催化剂，设备使用寿命长，维护简单方便，占地面积小，适合在排水口周边空间紧凑、场地狭小的条件；缺点是紫外灯管需要外接电源，并有一定的运行电费。

3　排水管道及检查井检测与评估

作为“控源截污”一系列措施中的重要环节，查明排水管道及检查井存在的各种缺陷和雨污混接情况，是采取有针对性措施的前提。

3.1　检测与评估目的

摸清排水口上游管道及检查井缺陷类别、外来水种类、水量大小、评估缺陷等级和雨污混接情况，为管道及检查井缺陷修复和雨污混接治理提供重要依据。

【解释】因排水管道及检查井存在脱节、破损、变形、渗漏、错接等各类结构性缺陷，造成地下水等外来水渗入；污水管道“清污不分”，不但增加了污水系统的水量负荷，还降低了污水处理厂进水污染物浓度，使其治污功能不能得到充分发挥。地下水入渗、雨污混接，不但导致雨水、污水管道和合流制管道的水量负荷增加，甚至使合流制截流措施功能丧失，还使各类排水口污水、污染水排放成为“常态”。在低地下水位地区，结构性缺陷给污水外渗提供了通道，造成地下水和土壤污染。另外，道路塌陷也与地下水等外来水入渗和污水外渗有重要关系。通过对存在问题的排水口上游管道及检查井进行调查，摸清排水管网结构缺陷，外来水和雨污混接的种类、混接点位置、水量和形成原因，为管道及检查井修复、混接治理提供相关依据。

3.2　检测范围与方法

检测范围的重点是存在问题排水口上游排水管道和检查井。检测由排水口开始，由下游至上游，先干管后支管，应尽可能涵盖排水口服务范围内所有排水管道和检查井。

排水管道及检查井检测时的现场作业应符合现行行业标准《城镇排水管道维护安全技术规程》CJJ 6、《城镇排水管道与泵站运行、维护及安全技术规程》CJJ 68、《城镇排水管道检测与评估技术规程》CJJ 181 等有关规定。现场使用的检测设备，其安全性能应符合现行国家标准《爆炸性气体环境用电气设备》GB 3836 的有关规定。从事排水管道检测和评估的单位应具备相应资质，检测、调查人员应培训合格后，方可上岗。

【解释】对于存在问题的排水口，在采取相关治理措施的同时，首先重点对与排水口相接的截流管、上游排水干管及检查井进行检测和调查。鉴于管道结构性病害是普遍性的，且排水管道及检查井检测是排水设施维护管理的常态性工作，故应制订计划，分期、分批对城市排水管道和检查井进行检测，为排水设施主管部门制定管道及检查井治理和修复方案提供基础资料。相关检测资料和报告，应纳入当地排水设施的地理信息系统。

3.3 检测技术路线

根据排水管道主要节点之间或与排水口出水的污染物浓度对比，快速确定需要检测的排水管道、检查井及需要检测、调查的内容，技术路线图详见图 3-1。

3.4 排水管道缺陷检测

3.4.1 检测目的

判定排水管道中结构性缺陷和功能性缺陷的类型、位置、数量和状况。结构性缺陷主要包括：脱节、破裂、胶圈脱落、错位、异物侵入等，是导致地下水入渗管道和污水外渗的主要原因；功能性缺陷主要包括：管道内淤泥和建筑泥浆沉积等，不及时清除会影响水体水质和管道排放功能。

【解释】管道缺陷定义、等级等可参看附录 C。

3.4.2 主要检测技术

常用管道及检查井缺陷检测技术包括：闭路电视检测技术

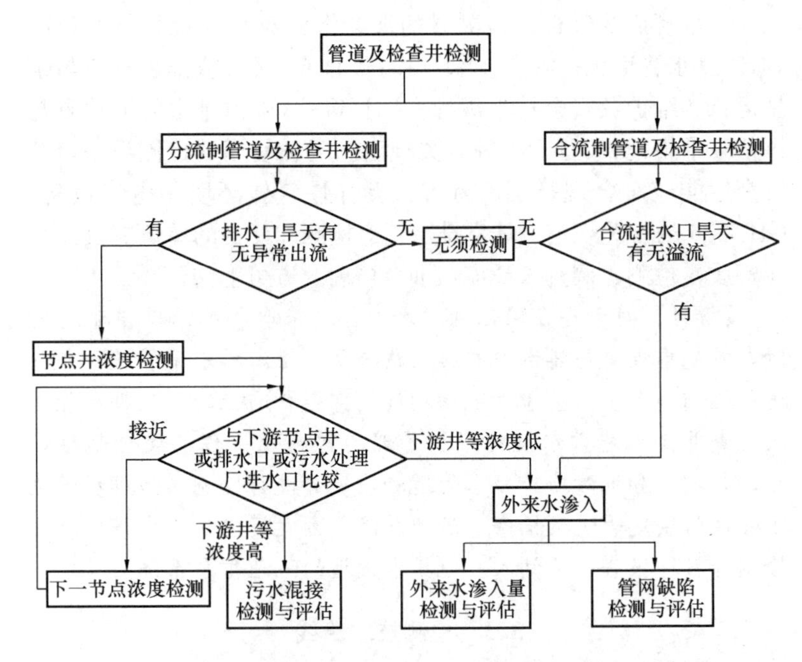

图 3-1 排水管道及检查井检测技术路线图

（简称 CCTV）、声呐检测技术、电子潜望镜检测技术（简称 QV）以及传统的反光镜检测技术、人工目视观测技术等。具体检测方法按照《城镇排水管道检测与评估技术规程》CJJ 181 执行。

对于老旧管道，除开展缺陷检测外，还应对其剩余强度进行相关检测。

【解释】常用管道及检查井缺陷检测技术包括：

1. 闭路电视检测技术

用于污水、雨水、合流等管道以及附属设施的结构状况和功能状况的检测；现有设备适用管径范围 100～3000mm。闭路电视检测可快速有效地查明管道内部的腐蚀、破裂、渗漏、错位、脱节、异物侵入等结构性缺陷和沉积、结垢、树根、障碍物等功能性缺陷，同时可对与管道相连的检查井、排水口进行检测，全面真实的展示管道及其附属物的现状。为清楚地了解管道内壁的情况，必要时检测前需要预清洗管道内壁。

2. 声呐检测技术

用于污水、雨水、合流等管道功能状况和部分结构缺陷的检测，现有设备适用管径范围 300～6000mm。管道声呐检测可用于在有水的条件下检查各类管道、沟渠、方沟的缺陷、破损及淤泥状态等。但其结构检测结果只能作为参考，必要时需采用闭路电视检测确认。

3. 电子潜望镜检测技术

用于污水、雨水、合流等管道以及附属设施的结构状况和功能状况的快速检测，现有设备适用管径范围 100～1800mm。管道潜望镜检测安全性高，图像清晰，直观，但不能探测水面下的结构情况、不能进行连续性探测、探测距离较短。

4. 反光镜检测技术

通过反光镜把光线折射到管道内进行检测的方法，可检测管道内部的变形、坍塌、渗漏、树根侵入、淤积等缺陷性情况；检测时应保持管内足够的自然光照度，宜在晴天进行。优点是设备简单，成本低廉；缺点是受光线影响较大，检测距离较短。

5. 人工进管检测

在断水或降低水位后，确保安全的情况下，由人员进入大型管道进行目视或摄像检查的方法。人工进管检测具有较高的可信度，但成本和危险性较高，对管道正常运行的影响较大。人员进入管内检查宜采用电视录像或摄影的方式进行记录，避免凭记忆可能造成的信息遗漏，同时也便于资料的分析和保存。

6. 潜水检测

对水位很高，断水和封堵有困难的大型管道、倒虹管和排水口，也可采用潜水员进入管内的特殊检查方法。潜水检查的缺点是只能在污水中通过触摸的方式检查管道是否出现裂缝、脱节、沉降等状况，待返回地面后再向相关人员报告检查的结果。潜水检测法中潜水员的主观判断占有很大的因素，检测过程无法得到科学的控制，其准确性和可靠性都是无法和通过视觉所获得的信息相比的。为了弥补这一缺陷，潜水员可采用水下摄像。

7. 老旧管道调查

在老旧城区，大部分排水管道即将超龄或已经超龄服役，存在很大的安全隐患。这些管道能否继续使用，需要进行相关调查及评估。目前常用的 CCTV 等检测手段和分析评估以图像分析为主，强度和结构分析不够清晰。因此，需要针对管道剩余强度进行相关检测，确认管道剩余使用年限。作为管道是否继续使用或修复后继续使用的参考依据。

1）调查目的

老旧管线调查主要针对即将达到使用年限或超龄服役的老旧排水管道进行老化程度的测量和分析，确认管道剩余使用年限，判断是否继续使用、修复后使用或废弃翻新。

2）调查方法

常用的检测技术有混凝土管材反弹度法、钻孔取样法、中性化深度检测等。

（1）混凝土管材反弹度法：使用爬行器搭载混凝土反弹度测定器，对管材回弹度进行检测，了解与管道的使用寿命有密切关系的管材强度。该方法较为常用、使用方便，成本低，且对结构无损伤，缺点是精度低，不宜单独用作结构判定检测。使用爬行器搭载研磨头，在管道的表面进行研磨，去除管道表面的污染物质，露出混凝土的平整表面，为反弹器的打击做好准备。然后移动小车将混凝土反弹度测定器对准已研磨的管道表面，通过控制操作反弹度测定器的冲击锤端子打击管道内壁，通过反弹度的测定来推测混凝土管材的强度。测定位置以及次数根据管道的直径和损坏情况进行决定，一般对需要测定的管道选择 3 个位置，每个位置打击 3 次，以此来计算平均值，确认混凝土管材剩余强度。

（2）钻孔取样法：使用爬行器搭载混凝土取样钻头，在管道内部进行钻孔取样，对样品强度进行检测。根据剩余强度值，确认管道使用年限。钻孔取样测试结果准确、但成本较高、操作复杂，且会损伤局部管道结构。

（3）中性化深度检测：使用爬行器搭载自动升降的圆锥形刀头和喷射苯酚液体的喷嘴，在管道顶部的表面钻孔并喷射苯酚液体，通过摄像头观察表面的颜色变化推测混凝土管材的中性化深度。该方法使用方便，成本低。缺点是精度低，可靠性低，对局部结构有损伤，不宜单独用作结构判定。

3.5 检查井缺陷检测

3.5.1 检测目的

判定检查井的缺陷类型、位置、数量和状况。结构性缺陷包括井壁破裂、管口连接脱开、井底不完整等；功能性缺陷包括井底淤泥沉积等。

3.5.2 主要检测技术

常用的检查井缺陷检测技术包括闭路电视检测技术、潜望镜检测技术以及人工目测检测技术等。

3.6 排水管道与检查井缺陷评估

3.6.1 管道与检查井结构性状况评估

根据管道存在的结构性缺陷，评估判断管道的损坏程度，并依据评分结果给出管道的修复建议，详见表 3-1。结构性缺陷修复指数计算详见附件 D。

表 3-1 管道结构性状况评定和修复建议

修复指数	RI＜4	4≤RI＜7	RI≥7
等级	一级	二级	三级
结构状况总体评价	无或有少量设施损坏，结构状况总体较好	有较多设施损坏或个别处出现中等或严重的缺陷，结构状况总体较差	大部分设施已损坏或个别处出现重大缺陷，结构状况总体很差

续表 3-1

修复指数	RI<4	4≤RI<7	RI≥7
等级	一级	二级	三级
修复建议	可不修复或局部修复	局部或整体修复，局部修复时，对存在渗漏或导致渗漏的二级及以上结构缺陷，必须进行修复	紧急修复或翻新

检查井结构缺陷评估方法目前还没有相应的标准，可参照表3-1管道结构性评估执行。

【解释】对于管道和检查井存在二级以上的结构缺陷，及时进行修复，是减少地下水渗入的有效措施。

3.6.2 管道及检查井功能性状况评估

根据管道存在的功能性缺陷，评估判断管道功能影响程度，并依据评分结果给出管道的维护建议，详见表3-2。功能性缺陷维护指数计算详见附件E。

表 3-2 管道功能性状况评定和维护建议

维护指数	MI<4	4≤MI<7	MI≥7
等级	一级	二级	三级
功能状况总体评价	无或有少量设施局部超过允许淤积标准，功能状况总体较好	有较多设施超过允许淤积标准，功能状况总体较差	大部分设施超过允许淤积标准，功能状况总体很差
维护建议	不维护或超标管段维护	局部或全面维护	全面维护

检查井功能缺陷评估方法目前还没有相应的标准，可参照表3-2管道功能性评估执行。

【解释】排水管道的功能性缺陷这里主要指淤积和浮渣。若不及时通过排水管道维护进行清除，这些淤积的污泥和浮渣就会排入水体，影响水体质量。

3.7 混接调查与评估

污水混接进入雨水管道，是雨水排水口旱天和雨天溢流的主要原因。雨水混接进入污水管道，不但占据了污水管道的容量，也会造成污水处理厂雨天因超负荷而溢流。

3.7.1 调查目的

主要查清雨水、污水管道非法连接的情况。主要包括：市政污水管道接入市政雨水管道、市政雨水管道接入市政污水管道、市政合流管道接入市政雨水管道、小区等雨水管道接入市政污水管道、小区等污水管道接入市政雨水管道、小区等合流管道接入市政雨水管道等。

3.7.2 调查方法

综合运用人工调查、仪器探查、水质检测、烟雾实验、染色实验、泵站运行配合等方法，查明调查区域内混接点位置、混接点流量、混接点水质等。

3.7.3 调查的主要内容

1. 混接点位置判定

首先根据资料分析对雨污混接进行预判，再采用实地开井调查和仪器探查相结合的方法，查明混接位置及混接情况。

开井调查要求对所要调查的管道逐个打开检查井，记录管道属性、连接关系、材质、管径，并在混接位置实地标注可识别记号。

仪器探查主要针对开井调查无法查明的管道部分进行检查，查明管道内部真实的连接方式、管道内部的连接情况，特别是隐蔽接入状况，并进行准确定位。

【解释】开井调查发现有下列情况之一时，可初步预判为调查区域有雨污混接可能：

（1）旱天时，雨水管内有水流动；

（2）旱天时，雨水管道化学需氧量（COD_{Cr}）浓度下游明显高于上游；

（3）旱天时，雨水泵站集水井水位较高；

(4) 雨天时，污水井水位比旱天水位明显升高，或产生冒溢现象；

(5) 雨天时，污水泵站集水井水位较高；

(6) 雨天时，污水管道流量明显增大；

(7) 雨天时，污水管道中化学需氧量（COD_{Cr}）浓度下游明显低于上游。

2. 混接点流量测定

在确定混接点位置后，应对已查明混接处流入流量进行流量测定。

【解释】混接点位置探查的对象为调查范围内的雨、污水管道及附属设施。泵排系统，调查至泵站的前一个井；自排系统，调查至进水体的前一个井。混接点流量测定宜在流量高峰时段测定，可选择在 AM10：00～12：00 或 PM16：00～20：00 区间。在测定流量之前，应详细了解管道内水流状况、污泥淤积程度、测量设备安装的方便性及管道所处路面的交通情况等。流量测定根据现场实际，可采用容器法、浮标法和速度-面积流量计等测定法，相关方法详见附录 F。

3. 混接点水质检测

在流量测定的同时进行水质验证，判断调查区域混接类型和程度。

【解释】水质检测项目一般为化学需氧量（COD_{Cr}）。也可根据不同混接对象所排放的污水特性增加特定因子。工业企业污水混接可加测氨氮（NH_3-N），餐饮业污水混接可加测动植物油，居民生活污水混接可加测阴离子表面活性剂（LAS）。当进行区域管网混接预判时，取样点应选择在该区域收集干管的末端。当进行内部排水系统混接预判时，取样点应选择在接入市政管网前的最后一个检查井。

3.7.4 混接状况评估

1. 区域混接评估

调查范围内有 2 个及以上的排水分区时，以单个排水分区进行评估。以混接水量程度来描述区域管网的混接状况，相关计算详见附录 G。

区域混接程度分为三级：重度混接（3 级）、中度混接（2 级）、轻度混接（1 级），详见表 3-3。

表 3-3 区域混接程度分级评价及治理建议

混接程度	混接水量	改造要求
重度混接（3 级）	50%以上	立即改造
中度混接（2 级）	＞30%～50%	分期改造
轻度混接（1 级）	＞0～30%	列入改造计划

【解释】分流治理应与混接区域的管网规划相衔接，对于重度混接的，需立即进行分流治理；对于中度混接的，可结合区域管网规划情况进行改造，若确实暂时无法改造的，须制订改造计划与时间表；对于轻度混接的，可综合考虑经济等因素来确定是否进行改造。

2. 单个混接点评估

按照混接管管径、混接水量、混接水质中任一指标高值的原则来确定，详见表 3-4。

表 3-4 混接点混接程度分级标准及治理建议

评价参数 / 混接程度	接入管管径 (mm)	流入水量 (m^3/d)	污水流入水质 COD_{Cr}(mg/L)	治理建议
重度混接（3 级）	600	＞600	＞200	立即改造
中度混接（2 级）	≥300～＜600	＞200～≤600	＞100～≤200	分期改造
轻度混接（1 级）	＜300	＜200	≤100	列入改造计划

3.8 地下水等外来水入渗调查

管道埋设在地下水位以下的地区，地下水在静压差的作用下，通过管道接口或管道、检查井破损等结构性缺陷处进入管道，是排水管道外来水的主要组成。管道埋设在地下水位以上的地区，因存在自来水漏失、水体测向补给等原因，排水管道内也会出现明显的外来入渗水量。

地下水等外来水入渗排水管道，是各类排水口旱天溢流的主要原因，也增加了雨天溢流频次和溢流量。入渗水量不但占据了排水管道的容量，给排水管道、泵站运行带困难，而且直接导致污水处理厂进水污染物浓度降低，运行水量负荷增加，运行效能降低。地下水等外来水入渗也是流沙地区和以黄砂作为沟槽回填材料排水管道地面塌陷的主要原因之一。

3.8.1 调查目的

地下水等外来水入渗调查主要针对分流制污水管道和合流制管道，通过调查查清地下水等外来水入渗情况。

【解释】地下水入渗量调查重点可分为排水区域入渗量调查与排水管段的入渗量调查两类。市政污水和合流管道中地下水入渗程度，常以地下水入渗水量占入渗量在内的污水总量（入渗量与污水量之和）的百分比表示，称为地下水入渗量比；截流管道和雨水排水管道可用排水管段的地下水入渗量衡量，以 $m^3/(km \cdot d)$计。

3.8.2 排水区域地下水入渗量调查

排水区域污水管道和合流制管道地下水入渗量调查的方法主要有：夜间最小流量法、用水量折算法、节点流量平衡法。

1. 夜间最小流量法

该方法适合评价排水系统水力边界清楚、服务面积较小的区域。以旱天凌晨用水量最小时段的污水流量来估算地下水入渗水量；对夜间用水量较大的区域，应从实测的夜间最小流量中扣除夜间用水所产生的污水量。

【解释】旱天的 AM 3：00～5：00，排水系统服务范围内的用水量很小，高地下水位地区的排水系统内则主要是入渗的地下水，特别是在居民生活区。德国的文献建议，在夜间最小流量中扣除居民夜间用水量［0.3～0.5L/（s·100 人）］，以及服务区域内可能存在的工业用水量，可得出服务区域内的地下水入渗量。

这一数值与日平均流量的比值，即为入渗量占日平均流量的比例。欧洲国家的应用经验，仅靠一天的实测数据评价排水系统的入渗量数据可靠性不高，可选择4～10个非降雨日连续测试，取平均值。日本《下水道维护管理手册》要求测定非降雨时段连续一周的流量逐时变化曲线，7d的夜间最小流量的平均值，就是地下水入渗量。该手册认为居民的夜间用水量很小，可不考虑扣除用水量。

2. 用水量折算法

该方法适合评价排水系统服务面积比较大、以居住和商业用地为主的区域。根据区域内污水实测总量与污水产生量的差额，估算进入排水管道的入渗水量。

【解释】根据国内城市夜间污水流量实测结果，我国大城市夜间用水量明显，需要确定当地夜间用水量并折算成污水流量后，从夜间最小流量中扣除。夜间用水量的过程与平均值可通过在当地的用水情况具有代表性的区域的枝状供水管上安装插入式流量计进行连续测定，取一周的实测值进行平均。实测结果分析需要考虑当地的供水压力及夜间屋顶水箱进水因素所造成的影响。

3. 节点流量平衡法

适用于接入用户管少、不能封堵的排水干管入渗量评价。在管道的主要节点上安装流量计，连续测定污水流量，通过水量平衡推算上游、下游监测点之间进入管道的入渗水量。

3.8.3 排水管段地下水入渗量调查

对于沿水体敷设的截流管道应进行排水管段地下水入渗量调查，确有必要的雨水管道也可进行。主要方法有容积测量法、抽水计量法。

1. 容积测量法

对于隔离后管段的地下水入渗量，可测定注满已知容积容器的时间，计算得到单位时间和管长的入渗水量［单位：$m^3/(km \cdot d)$］。该方法测定精度高，适合于夜间可临时封堵的管道。

【解释】检测前将待测管段两端封堵使之与排水系统隔离，

管段下游筑挡水堰，堰中埋设引水管伸至检查井口下方的测量水桶，用潜水泵抽空下游检查井，如图 3-2 所示。在待测管段无用户管接入且无降雨时，测量管段内的水量即为地下水入渗水量。通过重复测定入渗水量注满水桶的时间并取平均值，用容积法测算管段的入渗水量。

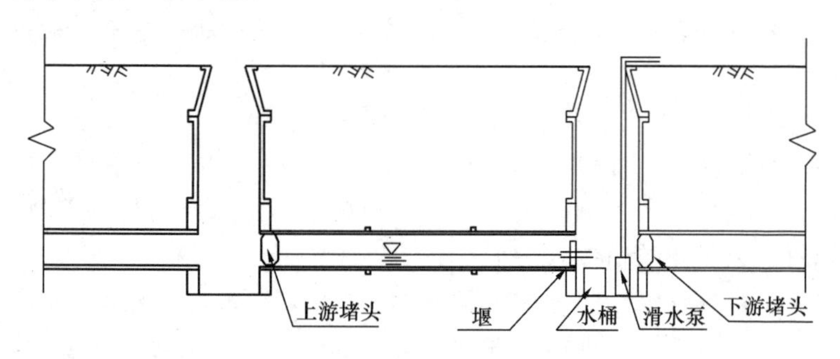

图 3-2　容积量测法试验示意图

2. 抽水计量法

使用潜水泵和水表，测定给定时段内监测管段的入渗水量。

【解释】对于管径大、长度长的管段使用水桶量测法时，因充满容器的时间太短，故影响测定精度。此场合下可采用抽水计量法，并由水表读数确定一定时段内的入渗水量，详见图 3-3 所示。

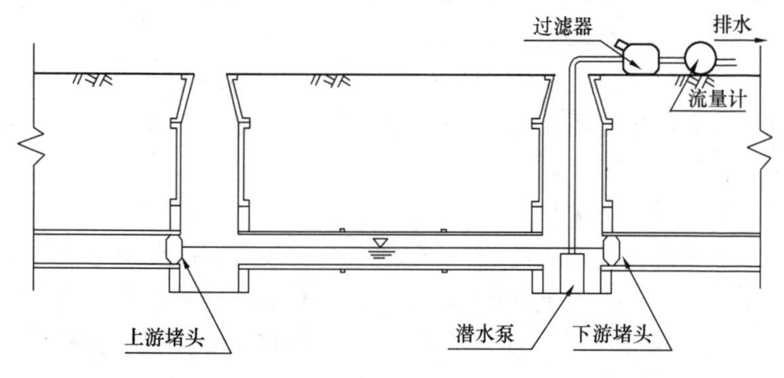

图 3-3　抽水计量法示意图

3.9 污水外渗调查

排水管道埋设在地下水位以上的地区，排水管道和检查井内污水在静压差的作用下，通过管道接口或管道、检查井破损等结构性缺陷处渗出管道外。污水外渗是造成管道周边地下水和土壤污染的原因之一。因污水外渗，可能会使沟槽产生空洞，从而导致道路塌陷。

3.9.1 调查目的

污水外渗调查主要针对污水管道和合流制管道，通过调查查清污水外渗的情况。

【解释】城市排水管道的污水外渗，不仅会使排水管道内污水减少，入厂流量不足，还将导致地下水和土壤污染。污水外渗会引起地下地质结构变化，水土流失，造成管道周边脱空、坍塌，影响管道及城市道路安全。

3.9.2 调查方法

污水管道外渗调查主要采用间接调查的方法，主要有闭水试验法、闭气试验法等。

1. 闭水试验法

对管道检测段进行封闭，将水灌至规定的水位，通过检查井内水面的下降情况测算外渗水量。

【解释】闭水试验的水位，应为试验段上游管内顶以上 2m。注水过程应检查管堵、管道、井身，并保证无漏水和严重渗水。将水灌至规定的水位后，开始记录，测定时间不少于 30 min，根据井内水面的下降值计算渗水量，外渗水量不超过规定的允许渗水量即为合格。管道允许渗水量参照《给水排水管道工程施工及验收规范》GB 50268 执行。

2. 闭气试验法

对管道检测段进行局部封闭，在封闭检测管段内充气加压，根据压力的变化情况，确定管道泄漏情况。

【解释】管段接口部位是管道先天的薄弱环节。该方法适合对管段接口部位进行检查，可配合年度汛期前后例行的管道维护清疏工作，在管道清疏后开展。该方法与管内化学灌浆法配合使用，可实现随诊随治的目标。在局部闭气试验确定的泄漏位置，直接实施管内化学灌浆完成修复，同时完成检测、记录、治理工作，精确可靠。

4 排水管道及检查井修复与治理

针对排水管道、检查井存在的缺陷及混接问题，根据相关规程和标准，采用非开挖或开挖等各种技术进行修复。治理雨污混接问题，恢复雨污分流。

4.1 排水管道及检查井修复与治理的原则

1. 满足管道的荷载要求。

2. 整体修复后的管道流量一般应达到或接近管道原设计流量。

3. 修复后的管道强度必须满足国家或行业现行的相关规范要求。

4. 为了尽量减少管道过水断面的连续变化、改善水力条件、防止继发损坏，对于同一管段出现 3 处及以上结构性缺陷的，应采用非开挖整体修复方法。

5. 修复施工期间，须做好临时排水措施，以确保周围排水户排水不受影响。

6. 管道整体修复后的管道设计使用年限不应小于 30 年。

7. 分流制地区，修复后的排水管道应杜绝雨污混接，严禁污水管道直排水体。

8. 杜绝分流制排水系统与合流制排水系统连接。

9. 经过结构性缺陷修复的污水管道和合流制管道，地下水入渗比例（地下水入渗量和地下水入渗量与污水量之和的比值）不应大于 20%（排水区域地下水渗入量调查法），或地下水渗入量不大于 $70m^3/(km \cdot d)$（排水管段地下水渗入量调查法）。

【解释】日本认为，地下水入渗水量比为 10%～20%时，属于情况良好；德国认为，该比值小于 25%时，无需对排水管道缺陷进行修复。对于排水管段，我国调查资料为50～166m^3/(km·d)，较日本0～151 m^3/（km·d）接近。考虑到我国城市人口密集、人均占有的排水管道长度小，在地下水入渗量与污水量之和的分母中污水量占比较国外高等因素，推荐上述控制要求。

4.2 排水管道与检查井修复

排水管道及检查修复时的现场作业应符合现行行业标准《城镇排水管道维护安全技术规程》CJJ 6、《城镇排水管道与泵站运行、维护及安全技术规程》CJJ 68、《城镇排水管道非开挖修复更新工程技术规程》CJJ/T 210等。现场使用的检测设备，其安全性能应符合现行国家标准《爆炸性气体环境用电气设备》GB 3836的有关规定。从事排水管道修复的单位应具备相应资质，修复人员、调查人员应培训合格后，方可上岗。

4.2.1 结构性缺陷修复

修复排水管道及检查井存在的各种结构性缺陷，是解决地下水等外来水入渗和污水外渗的根本措施。

排水管道修复主要有非开挖修复和开挖修复；检查井修复主要有局部修复和整体修复。

【解释】主要针对可能会产生地下水入渗或污水外渗的渗漏、破裂、脱节、错位等结构性缺陷进行修复。排水管道的非开挖修复工艺众多，不同工艺的适用范围也各不相同，从目前来说，非开挖修复仍无法解决一些严重的坍塌、变形、错位等结构性缺陷的修复。此类问题仍旧需要采用开挖或开挖与非开挖相结合的方式进行修复。常用非开挖修复技术适用情况详见附录H。

1. 排水管道非开挖修复

根据不同修复工艺的特点，非开挖修复适用于管径范围100～3000mm的排水管道结构性缺陷修复。分为：

（1）局部非开挖修复：适用于缺陷集中于某个部位的场合。

（2）整体非开挖修复：采用整个管段进行修复的方法，适用于损坏部位分布比较广的场合。

排水管道的整体修复与局部修复并不存在严格的界限，部分工艺可用于整体修复，也可用于局部修复，施工时，可根据现场情况进行选择。一般而言，大型管道修复采用局部修复比较经济；嵌补法虽然质量控制比较困难，施工期长，但造价低，在地质条件较好、修复经费有限的地区仍然是可考虑的一种选择；在流沙地区采用整体内衬安全性更好；埋深较大的管道如采用内衬则会因导入坑的费用太高而变得不合理；现场固化内衬法的质量和适应性都是最好的，但是相对较贵。此外，施工单位的资质和素养也是必须考虑的问题，好的工艺和设备同样需要一支好的施工队伍。

2. 排水管道开挖修复

排水管道开挖修复是指采用开挖换管的方式进行排水管道修复的方法。对于开挖修复来说，其修复适用范围不受管径的大小和缺陷的严重程度限制，修复时应遵循与修复后管道直径不小于原管道直径的原则。

适用范围：开挖修复可适用于所有排水管道的结构性缺陷修复。

3. 检查井修复

采用局部注浆止水加固、检查井整体内衬等工艺对检查井进行止渗、补强、加固，修复检查井各种缺陷，具体可分为：

（1）局部修复：当检查井存在井壁开裂和渗漏时，可采用注浆、检查井光固化贴片等工艺对检查井局部进行裂缝填充和堵漏修复；修复时，可配合检查井外部辅助注浆措施。对检查井底板和四周井壁注浆，可形成隔水帷幕，固化检查井周围土体，填充因水土流失造成的空洞，增加地基承载力和变形模量，隔断地下水入渗检查井。

（2）整体修复：当井壁与管道接口处存在渗漏缺陷或检查井结构不完整时，应采用现场固化内衬等检查井整体修复工艺进行修复。

检查井修复时应综合考虑检查井损坏状况、施工条件、造价等多方面因素。

4.2.2 功能性缺陷治理

功能性缺陷整治主要针对淤泥沉积等，可采用疏通清理等方式，恢复管道过水断面。及时清除排水管道及检查井中的沉积物，可有效减少进入水体污染物量。

【解释】排水管道的功能性缺陷是导致管道堵塞、积水、排水不畅的重要原因，而且雨水管道和合流管道中的沉积物，在雨天还有可能冲入水体，其污染负荷是非常高的，很多地区水体下雨就黑，与此有很大关系。在管道功能性处理过程中新发现的渗漏结构性缺陷须单独标明。排水管网的日常维护的职责之一就是针对已发现的功能性缺陷，制订维护计划，进行清疏工作，完成排水管网的功能性缺陷治理。

4.3 排水管道及检查井修复技术

4.3.1 局部非开挖修复技术

1. 不锈钢套筒法

外包止水材料的不锈钢套筒膨胀后，在原有管道和不锈钢套筒之间形成密封性的管道内衬，堵住渗漏点；主要用于脱节、渗漏等局部缺陷的修复。

【解释】适用管径范围 150～1350mm。常用不锈钢套筒的止水材料为止水橡胶和涂抹发泡胶海绵两种，前者利用不锈钢套筒挤压橡胶止水，后者利用发泡胶膨胀挤压止水，如图 4-1 所示。具有止水效果好、质量稳定、投资省、修复快等优点。此工艺不可用于管道断裂、接口严重错位、管道线性严重变形等结构性缺陷的修复，修复效果详见图 4-2。

2. 点状原位固化法

将浸渍常温固化树脂的纤维材料固定在破损部位，注入压缩空气，使纤维材料紧紧挤压在管道内壁，经固化形成新的管道内衬；用于管道脱节、渗漏、破裂等缺陷的修复。

【解释】适用管径范围 50～1500mm。常用为自然固化工艺，此外还有热固化、紫外光固化各种固化方式，修复时可根据需要自行选择。主要修复材料为玻璃纤维与聚酯、环氧等类型的树脂。此工法不可用于管道断裂、接口严重错位、管道线性严重变形等结构性缺陷的修复。修复示意详见图 4-3，修复效果详见图 4-4。

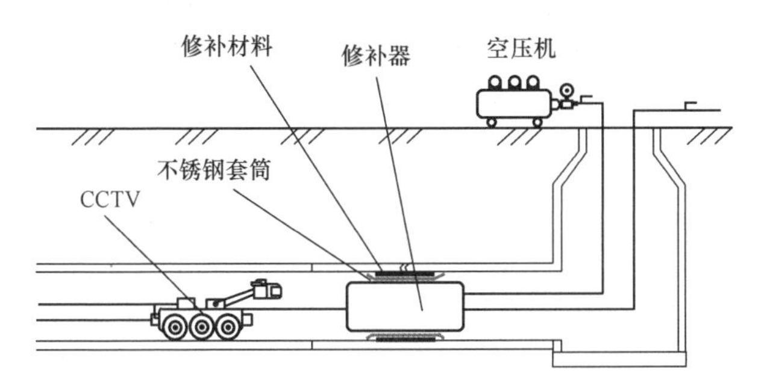

图 4-1　不锈钢套筒法修复施工示意图

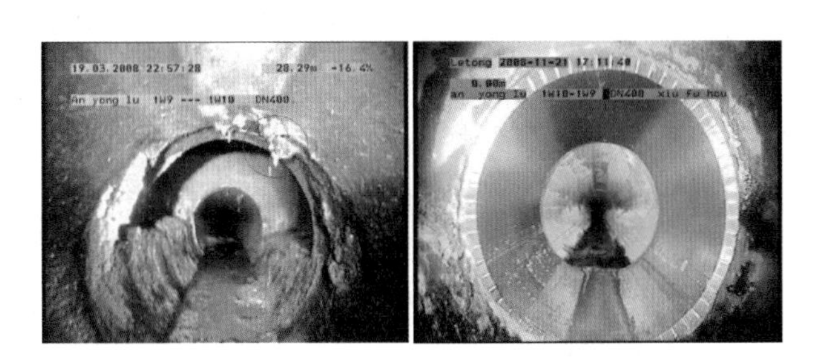

图 4-2　不锈钢套筒法修复前后对比图

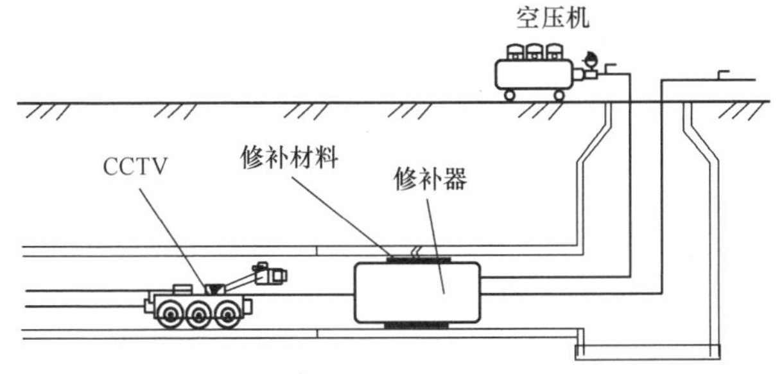

图 4-3　点状原位固化法修复施工示意图

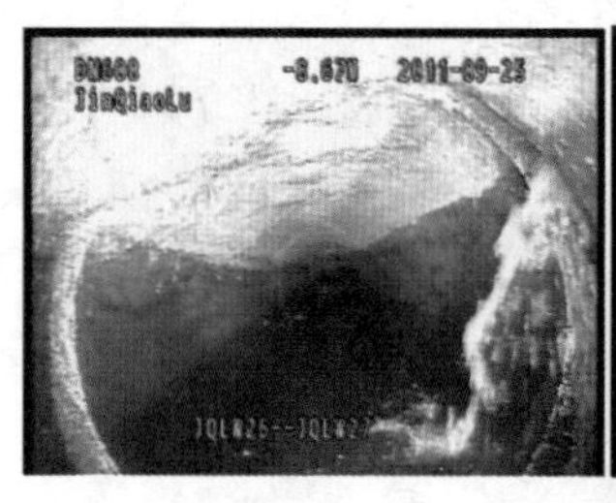

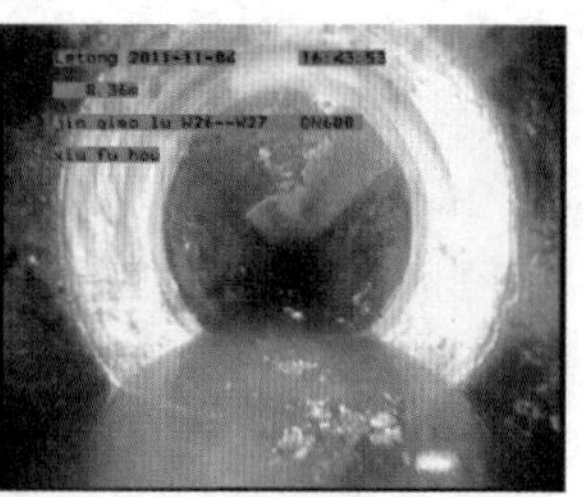

图 4-4　点状原位固化法修复前后对比图

3. 不锈钢双胀环修复法

采用环状橡胶止水密封带与不锈钢套环，在管道接口或局部损坏部位安装橡胶圈双胀环，橡胶带就位后用 2～3 道不锈钢胀环固定，达到止水目的；用于变形、错位、脱节、渗漏，且接口错位小于 3cm 等缺陷的修复，但是要求管道基础结构基本稳定、管道线形没明显变化、管道壁体坚实不酥化。

【解释】适用于管径大于 800mm 以上及特大型排水管道。此方法修复材料包括不锈钢双胀压条和特制的止水橡胶，以修复大口径管道接口的渗漏为主要目的，施工简洁、快速，止渗效果好。此方法仅作为管道接口的临时性止渗处理措施，不提供结构强度；同时受制于橡胶的耐腐蚀性及抗老化性不强，修复后使用年度较短。修复示意详见图 4-5，修复效果详见图 4-6。

4. 管道化学灌浆法

将多种化学浆液通过特定装备注入（压入）管道破损点外部的下垫面土壤和土壤空洞中，利用化学浆液的快速固化进行止水、止漏、固土、填补空洞；适用于各种类型管道内部已发现的渗漏点和破裂点的修复。

【解释】此方法修复材料主要为专用的化学浆液，利用浆液的流动性及快速固化性，来达到管道外部密封及加固的目的，可在修复渗漏的同时加固周边土体，具有修复快速的优点。其紧压方式又分为利用空气压力在管内固定的气压方式（Φ800mm 以下）和人工进入管内组装紧压装置（Φ800mm 以上）两种。化学

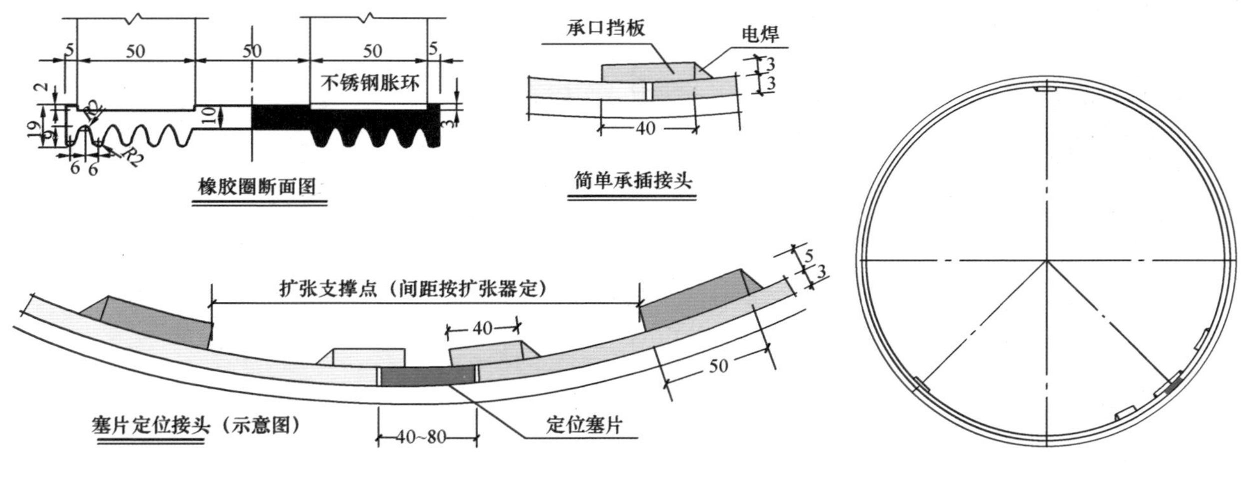

图 4-5　不锈钢双胀环修复施工示意图

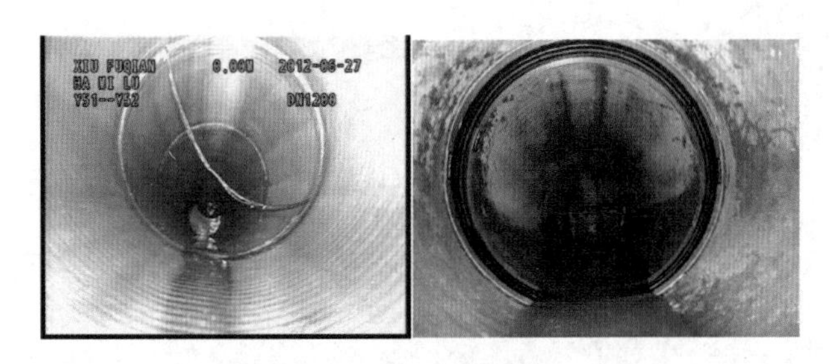

图 4-6　不锈钢双胀环修复前后对比图

灌浆法施工采用从管道内部漏水缝隙处灌浆并紧压的方式。对于管道中度缺陷和管道的裂缝以及管道接头的松动比较有效。修复示意详见图 4-7，修复效果详见图 4-8。

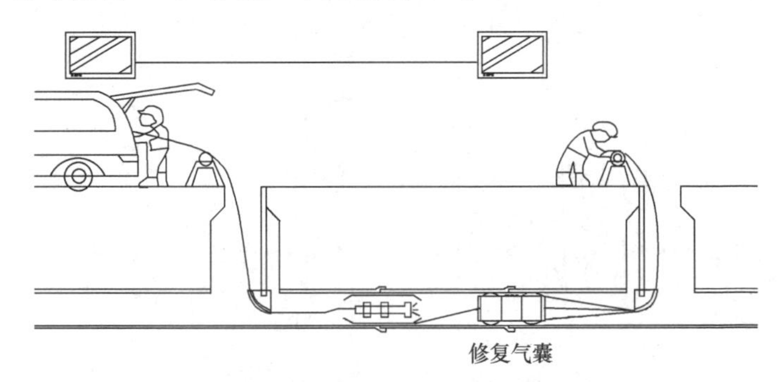

图 4-7　化学灌浆法修复施工示意图

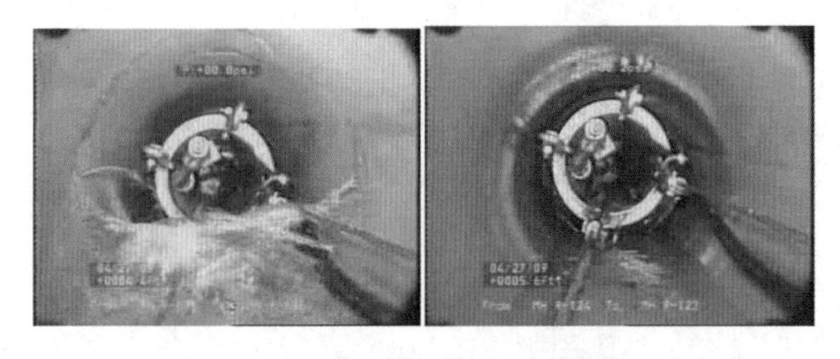

图 4-8　管道化学灌浆法修复前后对比图

4.3.2 整体非开挖修复技术

1. 热水原位固化法

采用水压翻转方式将浸渍热固性树脂的软管置入原有管道内，加热固化后，在管道内形成新的管道内衬；用于各种结构性缺陷的修复，适用于不同几何形状的排水管道。

【解释】圆管可修复管径范围 100～2700mm。热水原位固化法具有施工时间短、占地面积小、使用寿命长、修复后整体性强、修复后表面光滑和对周边环境影响小等优点，在排水管道的结构性缺陷修复中广泛应用，其可以根据管径大小单独设计强度和厚度。在进行修复前，必须保证待修复管道满足热水原位固化法的修复条件，对于局部存在严重变形、坍塌等缺陷的，可采用局部开挖修复配合热水原位固化修复工艺进行修复施工。修复示意详见图 4-9，修复效果详见图 4-10。

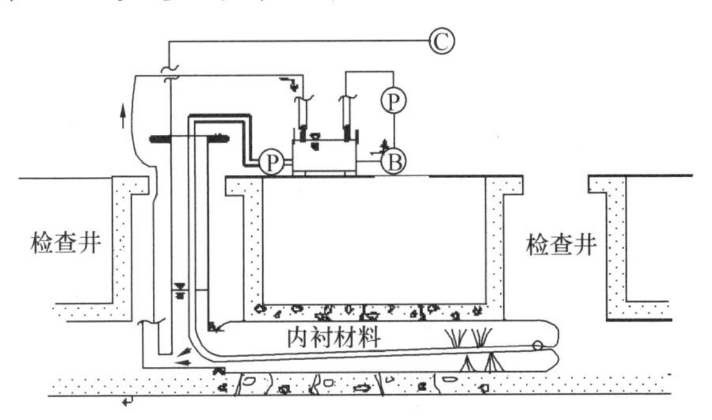

图 4-9　翻转法热水固化修复施工示意图

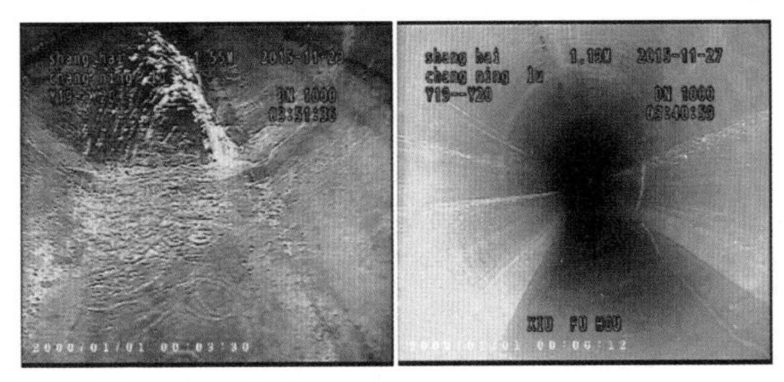

图 4-10　翻转法热水固化修复前后对比图

2. 紫外光原位固化法

渍光敏树脂的软管置入原有管道内，通过紫外光照射固化，在管道内形成新的管道内衬；用于各种结构性缺陷的修复，适用于不同几何形状的排水管道。

【解释】圆管可修复管径范围 150～1600mm。紫外光原位固化法具有施工时间短、占地面积小、使用寿命长、修复后整体性强、修复后表面光滑和对周边环境影响小等优点，可以封闭原有的洞孔，裂缝及缺口，隔绝入渗，阻止渗出，在排水管道的结构性缺陷修复中广泛应用。相较热水原位固化法，紫外固化法固化速度更快、修复后管道强度更高。修复示意详见图 4-11，修复效果详见图 4-12。

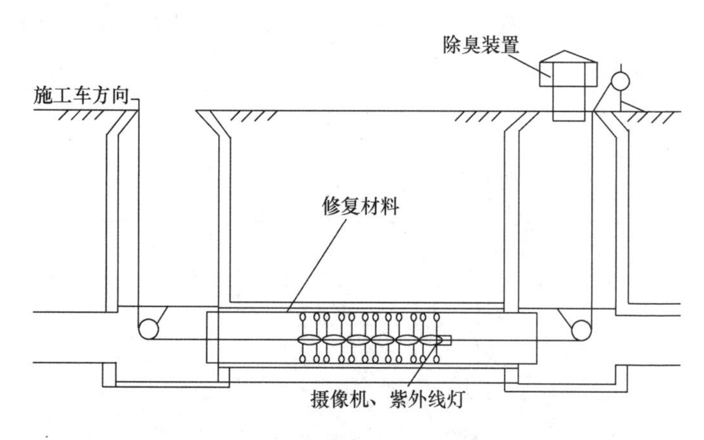

图 4-11　紫外光原位固化法修复施工示意图

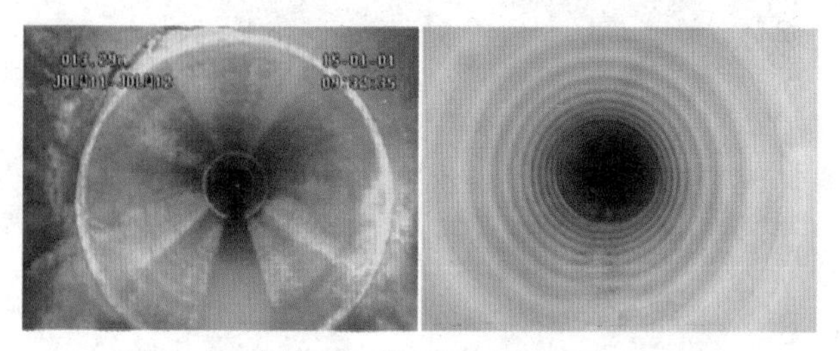

图 4-12　紫外光原位固化法修复前后对比图

3. 螺旋缠绕法

采用机械缠绕的方法将带状型材在原有管道内形成一条新的管道内衬；用于各种结构性缺陷的修复，适用于不同几何形状的排水管道，可带水作业。

【解释】圆管可修复管径范围 450～3000mm，螺旋缠绕法主要有扩张法和固定口径法两种工艺。该方法具有施工时间短、占地面积小、使用寿命长、修复后整体性强、修复后表面光滑和对周边环境影响小等优点，可以封闭原有的洞孔，裂缝及缺口，隔绝入渗，阻止渗出，在排水管道的结构性缺陷修复中广泛应用。修复示意详见图 4-13 和图 4-14，修复效果详见图 4-15。

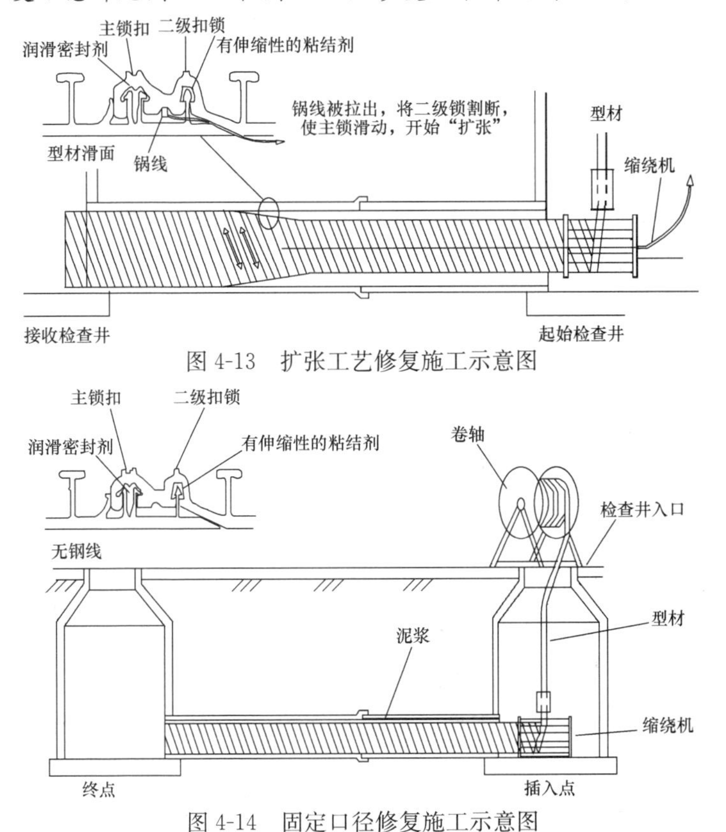

图 4-13　扩张工艺修复施工示意图

图 4-14　固定口径修复施工示意图

图 4-15　螺旋缠绕法修复前后对比图

4. 管片内衬法

将 PVC 片状型材在原有管道内拼接成一条新管道，并对新管道与原有管道之间的间隙进行填充；用于破裂、脱节、渗漏等缺陷的修复，管道形状不受限制，修复迅速、快捷。

【解释】适用管径范围 800～3000mm。此修复工艺施工占道面积小，可曲线施工，局部施工，单次施工长度不限，可临时中断施工；修复后内衬管和原有管道形成一体的高强度复合管，具有和新管同等以上的强度。但修复后排水管道过水断面存在一定的损失。此方式不适用于管道严重错位、管道基础断裂、破碎、管道线形严重变形等结构性缺陷的修复。修复示意详见图 4-16，修复效果详见图 4-17。

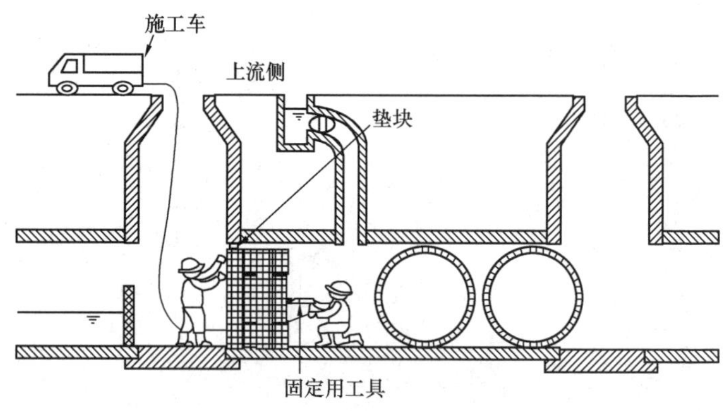

图 4-16　管片法修复施工示意图

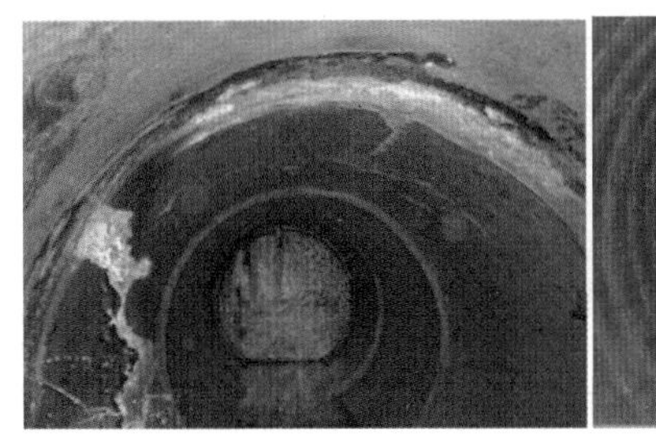
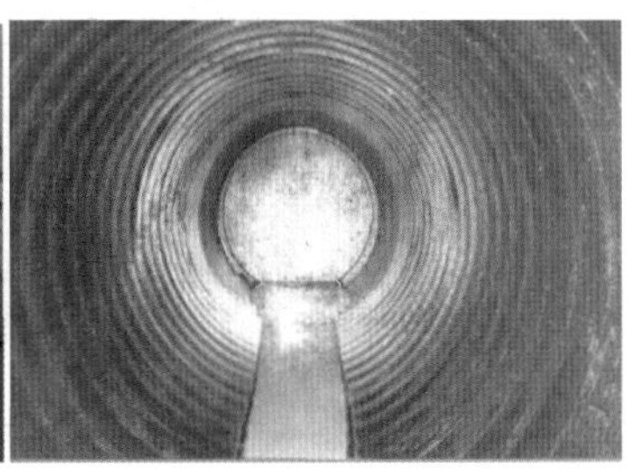

图 4-17　管片法修复施工前后对比图

5. 短管内衬修复技术

将特制的高密度聚乙烯（HDPE）管短管在井内螺旋或承插连接，然后逐节向旧管内穿插推进，并在新旧管道的空隙间注入水泥浆固定，形成新的内衬管；用于破裂、脱节、渗漏等结构性缺陷的修复，形状不受限制，修复迅速、快捷。

【解释】适用于管径小于 700mm 的排水管道。短管焊接内衬修复技术修复后的管道整体性能好、质量可靠、修复成本低，具有良好的耐久性和可靠性。此方式不适用于管道严重错位、管道基础断裂、破碎、管道线形严重变形等结构性缺陷的修复。特殊情况下，可与开挖修复配合使用。修复示意详见图 4-18，修复效果详见图 4-19。

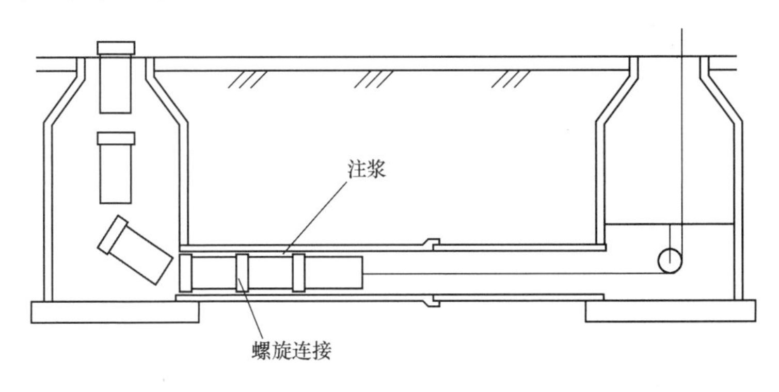

图 4-18　短管内衬修复施工示意图

图 4-19　短管内衬修复前后对比图

6. 聚合物涂层法

将高分子聚合物乳液与无机粉料构成的双组份复合型防水涂层材料，混合后均匀涂抹在原有管道内表面形成高强坚韧的防水膜内衬；用于破裂、脱节、渗漏等各种缺陷的修复。

【解释】适用管径范围 800～3000mm。本工艺需要人工进入管道施工，故仅用于人能进入的大口径管道修复，施工时一般与土体注浆技术配合使用，工法具有柔韧性好、施工方便、无接缝、修复快速的特点。此方式不适用于管道严重错位、管道基础断裂、破碎、管道线形严重变形等结构性缺陷的修复。修复示意详见图 4-20，修复效果详见图 4-21。

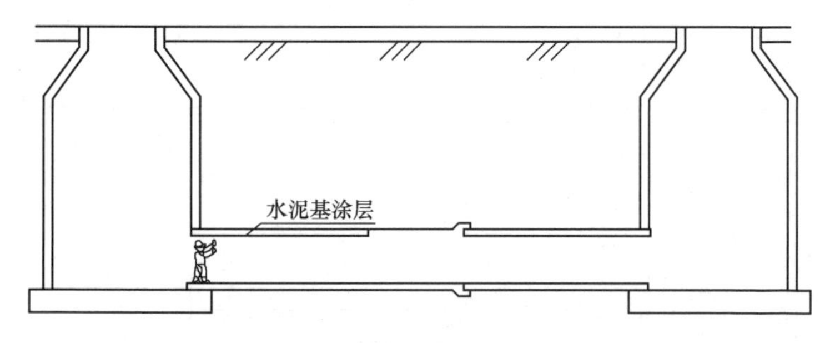

图 4-20　水泥基聚合物涂层法修复示意图

7. 胀管法

将一个锥形的胀管头装入到旧管道中，将旧管道破碎成片挤入周围土层中，与此同时，新管道在胀管头后部拉入，从而完成

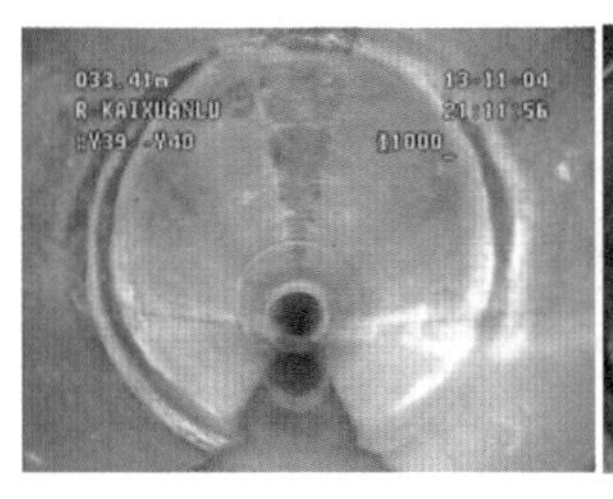

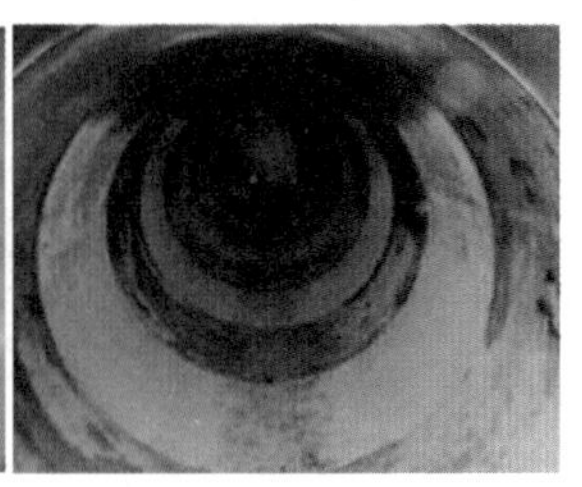

图 4-21　水泥基聚合物涂层法修复前后对比图

管道更换修复的过程；用于破裂、变形、错位、脱节等各种缺陷的修复。

【解释】适用管径范围为 50～1200mm。胀管法根据施工方式不同一般可分为气动胀管、静拉胀管、液压胀管等，修复时现场需有开挖工作坑的条件，一般用于一些严重变形、塌陷管道的非开挖修复工作，其也是目前非开挖修复中唯一可扩大原管道口径的修复技术。修复示意详见图 4-22，修复效果详见图 4-23。

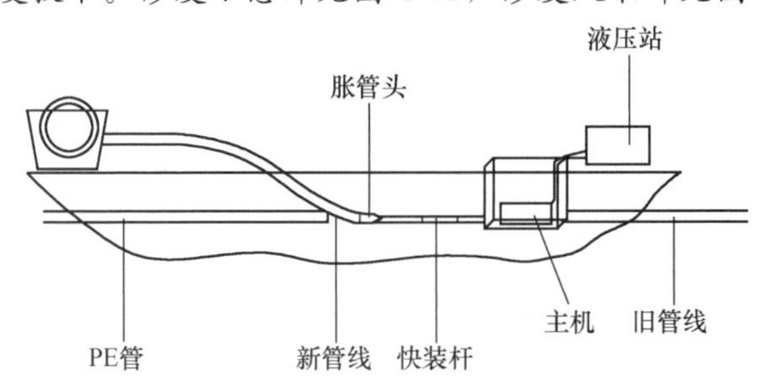

图 4-22　胀管法修复示意图

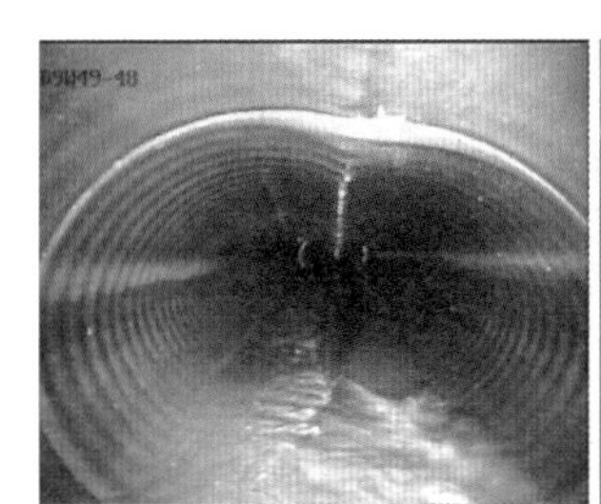
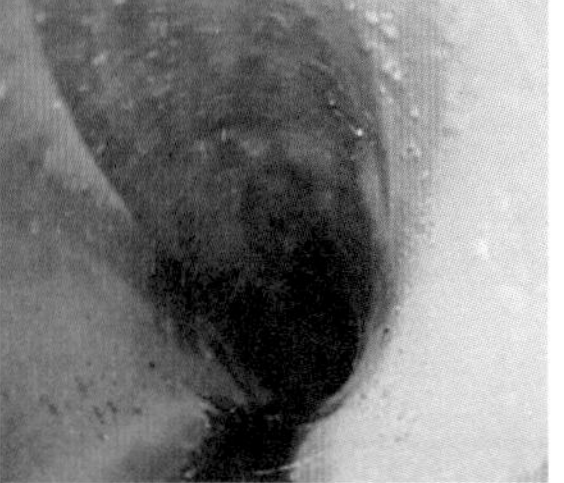

图 4-23　胀管法修复前后对比图

4.3.3 检查井修复技术

1. 检查井原位固化法

将浸渍热固树脂的检查井内胆装置吊入原有检查井内，加热固化后形成检查井内衬；适用于各种类型和尺寸检查井的渗漏、破裂等缺陷修复，不适用检查井整体沉降的修复。

【解释】该工艺可按照原有检查井的构造和尺寸，事先加工制作检查井内衬材料并浸渍热固化树脂，经现场固化，形成新的检查井内层。修复后，内衬井具有良好的止水效果，且有效提高了现有检查井的强度。修复示意详见图 4-24，修复效果详见图 4-25。

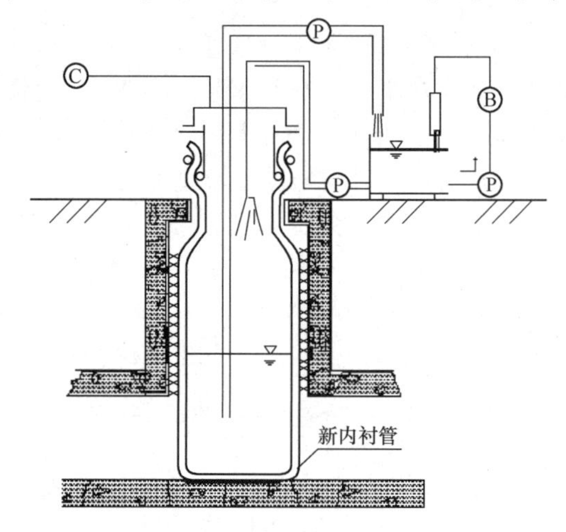

图 4-24 检查井原位固化修复示意图

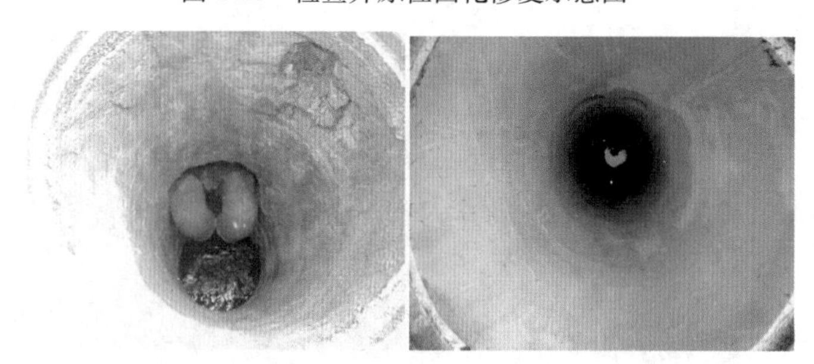

图 4-25 检查井原位固化法修复前后对比图

2. 检查井光固化贴片法

将浸渍有光敏树脂的片状纤维材料拼贴在原有检查井内，通过紫外光照射固化形成检查井内衬；适用范围同上。

【解释】浸渍有光触媒树脂的纤维片状材料为预制成品，现场可根据检查井的形状尺寸对片材进行裁切，并由人工进井将片材粘贴在原有检查井井壁上，通过紫外光照射形成新的内衬检查井内胆。施工快速、质量可靠。但不适用检查井整体沉降的修复。修复示意详见图 4-26，修复效果详见图 4-27。

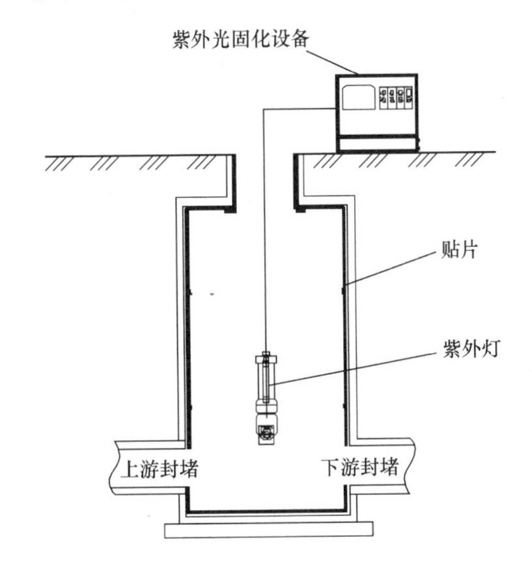

图 4-26　检查井光固化贴片法修复示意图

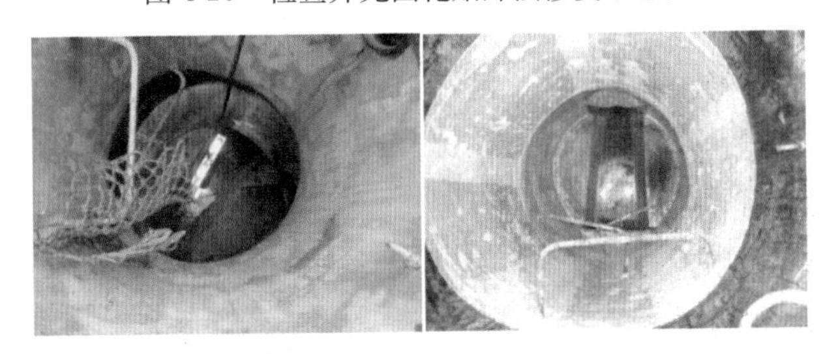

图 4-27　检查井光固化贴片法修复前后对比图

3. 检查井离心喷涂法

采用离心喷射的方法将预先配置的膏状浆液材料均匀喷涂在井壁上形成检查井内衬；适用于各种材质、形状和尺寸检查井的破裂、渗漏等各种缺陷修复，可进行多次喷涂，直到喷涂形成的内衬层达到设计厚度。

【解释】将预先配制好的膏状修复材料（特种水泥浆或环氧树脂材料）泵送到位于管道中轴线上由压缩空气驱动的高速旋转喷头上，材料在高速旋转离心力的作用下均匀甩向检查井内壁，使修复材料在井壁形成连续致密的内衬层。可针对埋深、地下水、地质及井壁破损等情况，灵活设计内衬厚度，并可在任意高度变化内衬厚度，最大限度节约修复成本。修复示意详见图 4-28，修复效果详见图 4-29。

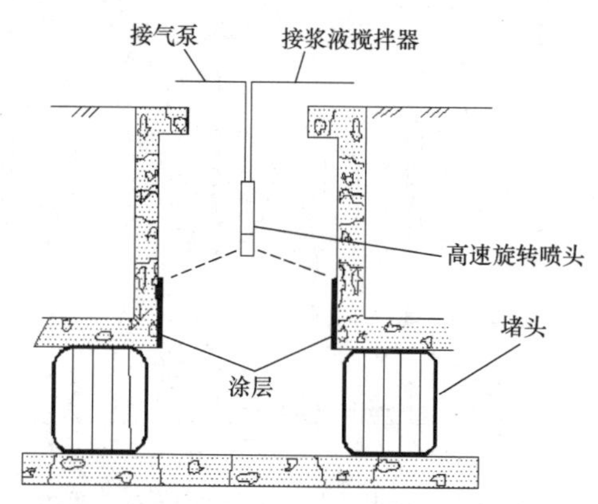

图 4-28　检查井离心喷涂法修复示意图

图 4-29　检查井离心喷涂法修复前后对比图

4.3.4 开挖修复技术

排水管道开挖修复参照《城镇排水工程施工质量验收规程》DG/TJ 08-2110—2012、《给水排水管道工程施工及验收规范》GB 50268—2008 等相关规范、规程执行。

4.4 雨污混接的分流治理

对于管道混接点，可采用封堵、敷设新管等方式，改变原有管道的非法连接方式，恢复雨污分流，鼓励结合海绵城市建设统筹实施。主要治理要求是：

1）对于市政污水管道接入市政雨水管道，应封堵所接入的污水管道，并将污水管改接入污水排水系统，所封堵的污水管道应填实处理。

2）对于市政雨水管道接入市政污水管道，应封堵所接入的雨水管道，并将雨水管改接入雨水排水系统，所封堵的雨水管道应填实处理。

3）对于市政合流管道接入市政雨水管道，应在核实计算的基础上，加设截流系统，或者实施雨污分流。

4）对于小区等雨水管道接入市政污水管道，应对小区所接入的雨水管道进行封堵，并将其接入市政雨水排水系统，所封堵的雨水管道应填实处理。

5）对于小区等污水管道接入市政雨水管道，应对小区所接入的污水管道进行封堵，并将其接入市政污水排水系统，所封堵的雨水管道应填实处理。

6）对于小区等合流管道接入市政雨水管道，应对小区进行雨污分流治理，分别接入市政雨水和污水管道。

【解释】对于分流制地区，如雨、污水管道存在混接问题的，应优先进行雨污分流治理。当地区排水管道不完善时，在实施雨污分流治理前，首先按照要求埋设雨水或污水管道，为实施雨污分流治理创造条件。

5 截污调蓄与就地处理

5.1 截污调蓄

5.1.1 调蓄目的

在排水系统中合理设置截污调蓄设施，可有效控制污水和初期雨水污染。

【解释】受混接污水、初期雨水和地面清扫、浇洒、路边餐饮、洗车等经雨水口非直接接入污水的影响，雨水排水口旱天和雨天初期污染物排放浓度是很高的。北京的研究结果表明，城区雨水初期径流污染物浓度一般都很高，约为后期的3～4倍；同济大学对上海芙蓉江、水城路等地区的雨水地面径流研究表明在降雨量达到10mm时径流水质已基本稳定。上海市研究结果表明合流制排水系统溢流污染事件COD_{Cr}平均浓度为240～450mg/L，SS平均浓度为100～500mg/L；江苏省镇江市对以合流制系统为主的古运河沿线排放口溢流水质监测结果表明，COD_{Cr}平均浓度为60～312mg/L。控制非直接接入污水、初期雨水污染和合流制污水溢流污染的截污调蓄池一般设置在管渠系统的末端，暂时储存合流污水或初期雨水，削减溢流，缓解对受纳水体的污染，待降雨停止后，再将截污调蓄池中的污水或初期雨水输送到下游污水系统，或就地处理后排放至受纳水体。

5.1.2 调蓄设施设置原则

调蓄设施设置原则如下：

1）调蓄池的出水应接入污水管网，当下游污水系统余量不能满足调蓄池放空要求时，应设置就地处理设施。

【解释】调蓄池的出水，一般是在降雨停止后，由下游污水管道输送至污水处理厂处理后排放。当下游污水系统在旱天时就已达到满负荷运行或下游污水系统的容量不能满足调蓄池放空要求时，则应设置就地处理装置对调蓄池的出水进行处理后排放，处理排放标准应根据区域水环境敏感度、受纳水体的环境容量等因素确定。国内外常用的就地处理装置包括溢流格栅、旋流分离器、混凝沉淀池、斜板沉淀器等。

2）调蓄池的位置，应根据排水体制、管网情况、溢流管下游水位高程和周围环境等综合考虑后确定，有条件的地区可采用数学模型进行设计方案优化。调蓄池的埋深宜根据上下游排水管道的埋深，综合考虑工程用地、工程投资、施工难度、运行能耗等因素后确定。

3）可结合地下综合管廊建设设置截污调蓄设施。

5.1.3 调蓄池容积确定

调蓄池的有效容积应根据当地降雨特征、受纳水体的环境容量、排水系统截流倍数、旱天污水量、初期雨水水质水量特征、排水系统服务面积、区域径流系数和下游污水系统的余量等因素综合考虑后确定。

【解释】有条件的地区，截污调蓄池的有效容积宜根据排水体制、管渠布置、溢流管下游水位高程和周围环境等因素，宜结合数学模型确定；没有条件采用数学模型的地区，调蓄池的有效容积可通过以下方法确定：

1）合流制排水系统截污调蓄池，调蓄池容积应满足：

$$V = 3600\, t_i (n_1 - n_0)\, Q_{dr}\, \beta \qquad (5\text{-}1)$$

式中 V——调蓄池容积；

t_i——调蓄设施进水时间（h），宜采用0.5～1.0h；

n_1——调蓄设施建成运行后的截流倍数，由要求的污染负荷目标削减率、下游排水系统运行负荷、系统原截流倍数和截流量占降雨量比例之间的关系等确定；

n_0——系统原截流倍数；

Q_{dr}——截流井以前的旱流污水量（m^3/s）；

β——安全系数，可取1.1～1.5。

2）分流制排水系统截污调蓄池，调蓄池容积应满足：

$$V = 10DF\psi\beta \tag{5-2}$$

式中 V——调蓄池容积；

D——单位面积调蓄深度（mm），根据国内外研究结果，一般可取4～8mm；

F——汇水面积（hm^2）；

ψ——径流系数；

β——安全系数，可取1.1～1.5。

5.1.4 调蓄池冲洗方式

调蓄池应设置对底部沉积物进行冲刷清洗的装置，调蓄池冲洗应根据工程特点和调蓄池池型设计，选用安全、环保、节能、操作方便的冲洗方式，宜采用水力自清和设备冲洗等方式。位于泵房下部的调蓄池，宜优先选用设备维护量低、控制简单、水力驱动的冲洗方式。

【解释】调蓄池使用一定时间后，其底部不可避免有沉积物，需要及时进行有效冲洗和清除。各种冲洗方式对比详见表5-1。

表5-1 各种冲洗方式优缺点一览表

序号	清洗方式	优 点	缺 点
1	人工清洗	无机械设备，无须检修维护	危险性高，劳动强度大
2	移动清洗设备	投资省，维护方便	仅适用于有敞开条件的平底调蓄池；清洗设备（扫地车、铲车等）需人工作业
3	智能喷射器	自动冲洗；冲洗时有曝气过程，可减少异味，适应于大部分池型	需建造冲洗水储水池，并配置相关设备；运行成本较高；设备位于池底，易被污染磨损
4	潜水搅拌器	搅拌带动水流，自冲洗，投资省	冲洗效果差，设备位于池底，易被缠绕、污染、磨损
5	水力冲洗翻斗	无须电力或机械驱动，控制简单	必须提供有压力的外部水源给翻斗进行冲洗，运行费用较高；翻斗容量有限，冲洗范围受限制

续表 5-1

序号	清洗方式	优　　点	缺　　点
6	连续沟槽自清	无须电力或机械驱动，无须外部供水	依赖晴天污水作为冲洗水源，利用其自清流速进行冲洗，难以实现彻底清洗，易产生二次沉积；连续沟槽的结构形式加大了泵站的建造深度
7	门式自冲洗	无须电力或机械驱动，无须外部供水，控制系统简单；单个冲洗波的冲洗距离长；调节灵活，手、电均可控制；运行成本低、使用效率高	投资较高

5.1.5 调蓄设施运行维护

1. 检查维护

调蓄池检查维护周期一般为 1～2 个月，重点是污物和杂物的清除，并应注意调蓄池的渗漏情况。

2. 安全措施

1）严格执行“先通风、再检测、后作业”的原则，未经通风和检测，严禁工作人员进入调蓄池作业。

2）在调蓄池出入口应设置防护栏、格筛、护盖和警告标志等，可见度不高时，应设警示灯。

3）在调蓄池外醒目处，应设置警戒区、警戒线、警戒标志，其设置应国家有关规定。未经许可，不得入内。

4）工作人员应佩戴隔离式防护面具，必要时应拴带救生绳。工作人员应穿防静电工作服、工作鞋，使用适宜的防爆型低压灯具及不发生火花的工具，配备可燃气体报警仪等。

5）发生事故时，监护者应及时报警并报相关负责人，救援人员应做好自身防护，配备必要的呼吸器具、救援器材，严禁盲目施救，导致事故扩大。

5.2 就地处理

5.2.1 就地处理的目的

对于近期污水暂不具备接入市政污水管网条件的，宜在排水口附近采用就地处理技术，削减进入水体的污染物。

5.2.2 就地处理设施的设置原则

就地处理设施的设置原则如下：

1. 根据黑臭水体治理要求、处理水质和水量、当地污水处理设施建设计划和现场供电、用地、周边环境要求等条件综合确定；

2. 宜选用占地面积小、简便易行、运行成本低的技术，并应考虑后期绿化或道路恢复的衔接和与周边景观的有效融合；

3. 水质和（或）水量变化大的场合，采用生物处理技术时宜设置调节设施，且须设格栅（格网）；

4. 除手动或水力等无须外供电力控制的设施外，宜采用自动控制方式运行，相关数据应及时传至控制中心，并应做好数据备份。

5.2.3 就地处理技术

根据处理污染物种类，就地处理方法分为浮渣和漂浮物处理技术、砂粒处理技术、悬浮物处理技术、有机物和氨氮等溶解性污染物处理技术等四类。具体分类和适用条件见表 5-2。

表 5-2 主要就地处理技术一览表

<table>
<tr><th>去除污染物种类</th><th>处理技术</th><th>适用条件</th></tr>
<tr><td rowspan="6">浮渣和漂浮物</td><td>浮动挡板技术</td><td rowspan="4">适用于现场无法供电，合流污水或雨水在溢流前需拦截过滤其携带的漂浮物的场合</td></tr>
<tr><td>拦渣浮筒技术</td></tr>
<tr><td>水平格栅技术</td></tr>
<tr><td>水力自洁式滚刷技术</td></tr>
<tr><td>堰流过滤技术</td><td rowspan="2">适用于现场可供电，合流污水或雨水在溢流前需拦截过滤其携带的漂浮物的场合</td></tr>
<tr><td>溢流格栅技术</td></tr>
</table>

续表 5-2

去除污染物种类	处理技术	适用条件
砂粒	高效涡流技术	适用于污水直排、溢流排放和初期雨水弃流等需去除砂粒的场合
	水力颗粒分离器技术	
悬浮物	高效沉淀技术	适用于污水直排、溢流排放和初期雨水弃流等需去除悬浮物的场合
	泥渣砂三相秒分离技术	
	磁分离技术	
	自循环高密度悬浮污泥滤沉技术	
有机物和氨氮等溶解性污染物	快速生物处理技术	分流制污水口直排、雨污水混接，合流制污水直排等需去除悬浮物、有机物和氨氮的场合

1. 浮渣和漂浮物处理技术

去除污水中浮渣和漂浮物，宜选用浮动挡板、拦渣浮筒、水平格栅、水力自洁式滚刷、堰流过滤、溢流格栅等处理技术。

1）浮动挡板、拦渣浮筒技术

适用于现场无供电条件，可安装在截流井内，也可以安装在调蓄池入口处，拦截物需定期清捞。

【解释】浮动挡板随着水位的升高，浮动挡板在导槽中也慢慢升高，由于水流不能漫过浮动挡板，因此水面上的各种漂浮物被有效地挡在浮动挡板前，较干净的水则从浮动挡板的下方出流。漂浮物去除率可达 70％～80％。安装导槽时可采用现场用锚栓固定在两侧的墙壁上，也可以采用二次预埋的方式，浮动挡板装入导槽后就可以在导槽内上下滑动。浮动挡板主要有左右挡板、导块组件和导槽等组成，详见图 5-1。

拦渣浮筒随着水位变化而旋转升降，使浮筒始终超出水面一定高度，从而起到拦截漂浮物的作用，较干净的水则从拦渣浮筒的下方出流。漂浮物去除率可达 70％～80％。可采用现场用锚栓将安装固定板固定在两侧的墙壁上。设备结构简单，易于维

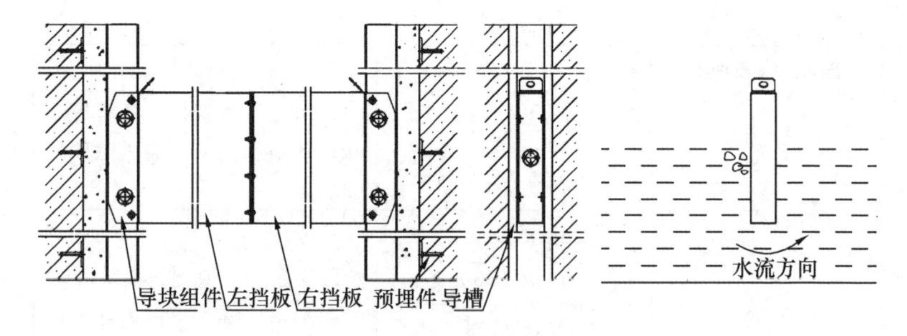

图 5-1　浮动挡板结构示意图

护；拦渣浮筒主要有安装固定板、转臂和浮筒等组成。详见图5-2。

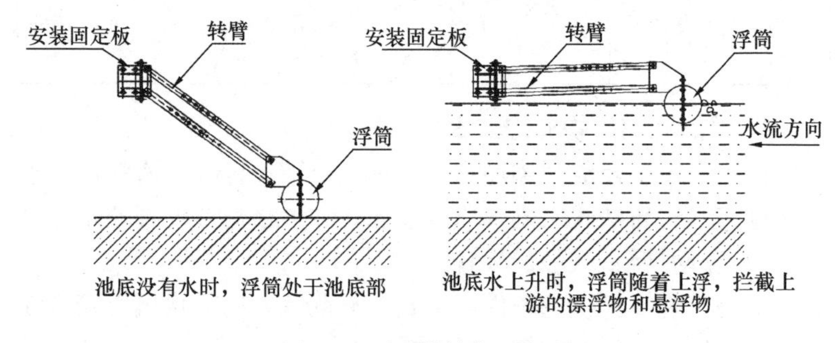

图 5-2　浮渣筒结构示意图

2）水平格栅技术、溢流格栅技术

适用于现场有供电条件，自动对栅条进行清理，可安装在溢流堰上，也可以安装在调蓄池入口处，拦截物需定期清捞。

【解释】水平格栅由形状特殊的栅条组成，水头损失相对较小。当发生溢流时，污水流经格栅，漂浮物和悬浮物被拦截。为了避免固体物质堵塞格栅，当传感器检测到水位超过一定的高度时，油缸自动动作，驱动耙齿左右移动清理格栅中的固体物质，清理的固体物质留在进水侧。漂浮物去除率可达65%～80%。可以水平安装也可以垂直安装。详见图5-3。

溢流格栅可以有效拦截初期雨水中的漂浮物及固体垃圾。溢流格栅架空安装在渠道中，在非汛期，当来水水位低于溢流格栅时，雨、污水不经过溢流格栅网板的过滤直接进入污水处理厂；在汛期，当来水液位超过网板的高度后，在可调节溢流堰门的配合下，雨、污水经过溢流格栅网板分离过滤，滤后水将通过设备侧面的出水口流出，进入自然水体。漂浮物去除率可达70%～85%。详图见5-4。

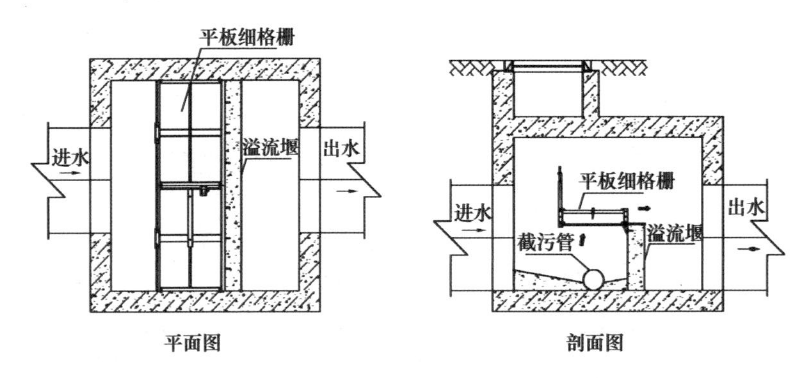

图5-3　水平格栅结构示意图

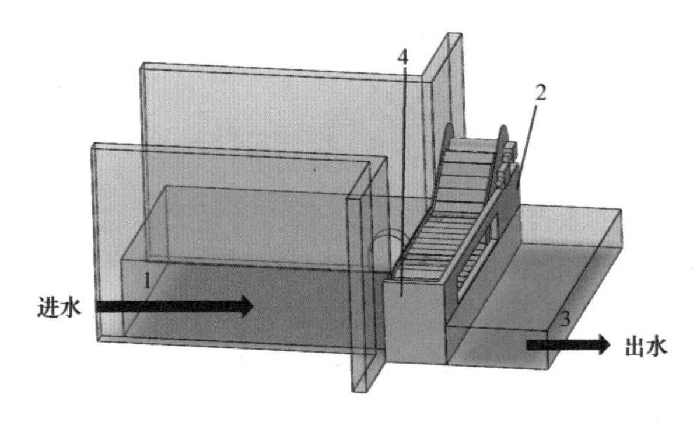

图5-4　溢流格栅技术示意图

1—雨污合流来水；2—溢流格栅；3—溢流格栅出水；4—进污水处理厂

3）水力自洁式滚刷技术

适用于现场无供电条件，可安装在溢流堰上，拦截物需定期清捞。

【解释】水力自洁式滚刷可通过水流带动水轮转动，也可以选择电机驱动滚刷转动。非降雨期时，滚刷不工作。在降雨期，水位上升抬起拦渣板，发生溢流时，水轮或电机带动滚刷逆水转动，水中漂浮物及颗粒物（粒径一般为3～5mm）被滚刷上的刷毛即时有效吸附清除，截留在拦渣板内，实现溢流排水的连续预处理。溢流过程中，浮动污泥挡板一直保持关闭。当降雨结束，溢流堰前水位降低，浮动污泥挡板开启，所有截留的浮渣和漂浮物在重力作用下重新集中在检查井内。漂浮物去除率可达70%～80%。详见图5-5。

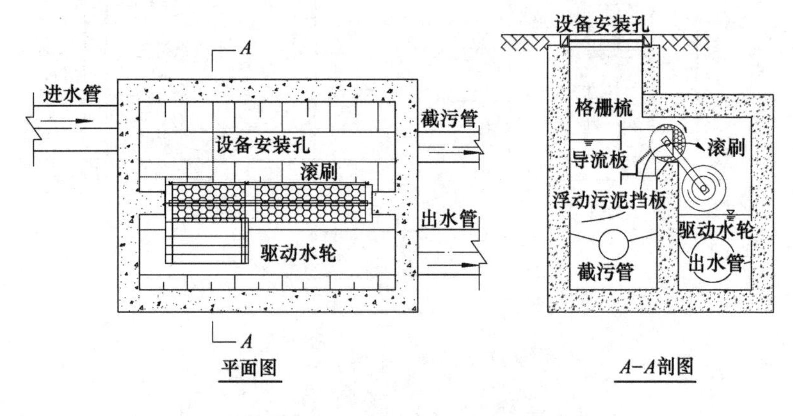

图5-5　水力自洁式滚刷结构示意图

4）堰流过滤技术

适用于现场有供电条件，自动对网板进行清理，可安装在溢流堰上，截留的浮渣和漂浮物通过螺旋导出，无须人工清捞。

【解释】堰流过滤装置以水平方式安装在雨（污）水排放装置过水堰之前或之后，当污水穿过半圆形滤网时，固体垃圾将被拦截并由螺旋杆传送至设备收渣端，与此同时，固定在螺旋叶片外缘的毛刷对滤网进行旋转自清洗。漂浮物去除率可达70%～85%。详图见5-6。

2. 砂粒处理技术

去除污水中砂粒，宜选用高效涡流、水力颗粒分离器等处理

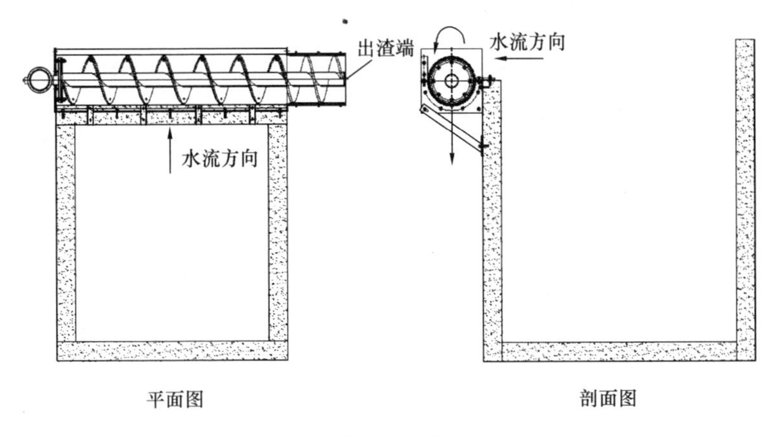

图 5-6 堰流过滤装置示意图

技术。砂粒处理设施前宜设置浮渣和漂浮物的处理设施。

1）高效涡流技术

根据离心沉降和密度差分原理，使密度小的物体被留在上方，密度大的砂粒沉降到底部，达到分离效果。可设于排水口或调蓄池进水口前，截留物需定期人工清理。

【解释】高效涡流技术主要是根据离心沉降和密度差分原理，使水流在一定压力下以切向进入腔体，沿导流筒高速旋转，产生离心场，根据物体间的密度差异及离心力的作用，密度较水流轻的物体被截留在上方，密度较大的物体（砂）沉降到底部，从而达到分离的效果。油污和可悬浮垃圾被分离截留在设备上方，通过水的自身性能围绕设备内部导流桶产生向下的涡流，变成低能量涡流，沉积物顺着导砂板沉降到设备底部。导砂板和中心桶改变了处理后的水流方向，围绕中心桶产生向上的涡流，处理后的出水由出口排出。高效涡流技术设施在正常运行条件下，大于6mm 粒径的悬浮物的去除率达 90%，200μm 以上粗砂和沉积物可去除 95%，TSS 去除率大于 50%，BOD_5 去除率大于 30%。

2）水力颗粒分离器技术

砂粒在水流导板作用下进行分离，可设于排水口前，截留物需定期人工清理。

【解释】水流在导板作用下进入分离室，然后均匀分布到整个薄板上。随着分离室内水位的上升，控制浮球把薄板翘起，直到达到一个预先设定的倾斜角度，此时水流经薄板，较细小的颗粒被分离出来。如果沉积速度大于水向上的流动速度，颗粒就被截留在薄板之间，沉积到薄板上，在降雨结束池体被清空后，沉积在薄板上的污染物会自动抖落到池体底板上，随着对底板的冲洗一起进入截污槽。去除了大部分污染物的水流持续上升，进入集水槽送走排放。悬浮物去除率约为 40%～60%。详见图 5-7。

3. 悬浮物处理技术

去除污水中悬浮物，宜选用高效沉淀、泥渣砂三相秒分离、磁分离、自循环高密度悬浮污泥滤沉等处理技术。悬浮物处理设施前宜设置浮渣和漂浮物的处理设施。

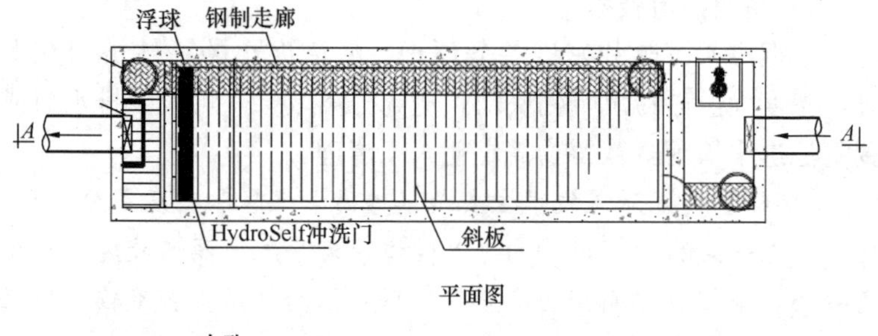

平面图

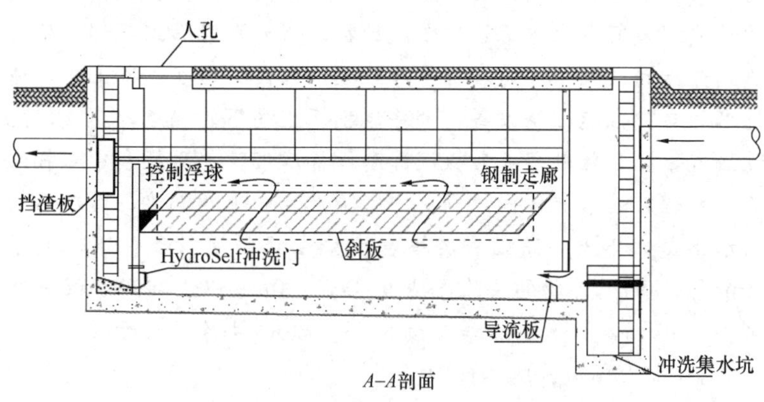

A–A剖面

图 5-7　水力颗粒分离器示意图

1）高效沉淀技术

通过投加混凝与絮凝药剂使水中的悬浮颗粒物和胶体物质凝聚形成絮体后沉淀去除。可设于排水口前，沉淀污泥需定期清排。

【解释】高效沉淀技术通过投加混凝与絮凝药剂使水中的悬浮颗粒物和胶体物质凝聚形成絮体，然后通过沉淀的方式去除。也可在投加混凝与絮凝药剂的基础上进行磁场处理，借助外力磁场的作用，在保证混凝效果的基础上，获得最短的固液分离时间，从而使设备小型化。宜选择铝盐和铁盐为主的混凝剂，必要时可投加有机高分子助凝剂。沉淀设施主要有平流、竖流、辐流和斜板（管）沉淀池。正常运行条件下，SS可去除50%～70%以上，COD_{Cr}可去除40%～60%，BOD_5可去除30%～50%，TP可去除90%。

2）磁分离技术

通过投加磁种、混凝与絮凝药剂，形成以磁种为核心的絮体，利用磁力吸附或沉淀去除。可设于排水口前，沉淀物需定期清排。

【解释】磁分离技术是借助磁场力的作用，对不同导磁性物质进行分离的一种技术。在被污染的水体中投加磁种、混凝剂、助凝剂，在药剂的作用下形成以磁种为核心的磁性絮体，利用稀土永磁材料的高强磁力，通过磁盘的磁力吸附将废水中的磁性絮体分离出来，实现水体的净化。其中投加的磁种循环使用，剩下不带磁性的污泥直接进入污泥脱水工序，省去污泥浓缩段。磁分离技术具有处理水量大、占地面积小、节省电能，运行成本低、出泥浓度高、尾泥易处理等特点，可进行移动车载式装配，以$10000m^3/d$移动车载为例，其平均占地面积仅为$200m^2$。正常运行条件下，SS可去除90%以上，COD_{Cr}可去除40%～60%，BOD_5可去除30%～50%，TP可去除90%。详见图5-8。

3）泥渣砂三相秒分离技术

利用高速旋转的滤带，截留泥渣砂以及悬浮颗粒物等，实现泥渣砂等协同去除，适用于排水口溢流和初期雨水处理。

【解释】进水通过均匀分布在高速旋转的滤带，其中泥渣

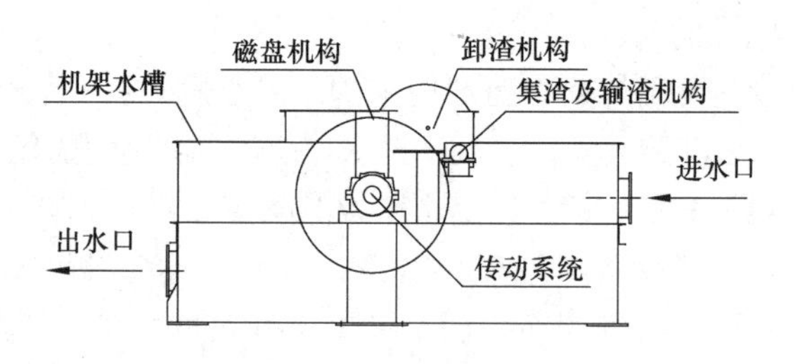

图 5-8　磁分离设备结构示意图

砂以及悬浮颗粒物等被有效地截留下来，实现固、液的快速高效分离。本技术利用物理方法，无需化学药剂，在保证高效处理效果的前提下，不会对环境产生二次污染，也不会产生大量难以处理的化学污泥，大大降低了运行费用。泥渣砂三相秒分离技术占地面积较小，每台设备 11 m^2 左右，车载集装箱式，机动灵活；水力负荷较大，最高可达 180m^3/（m^2·h）；运行能耗较低，1t 水电耗 0.01～0.03 度电；正常运行条件下，砂粒可去除 95%以上，SS 可去除 50%以上，COD_{Cr} 可去除 30%～65%。详见图 5-9。

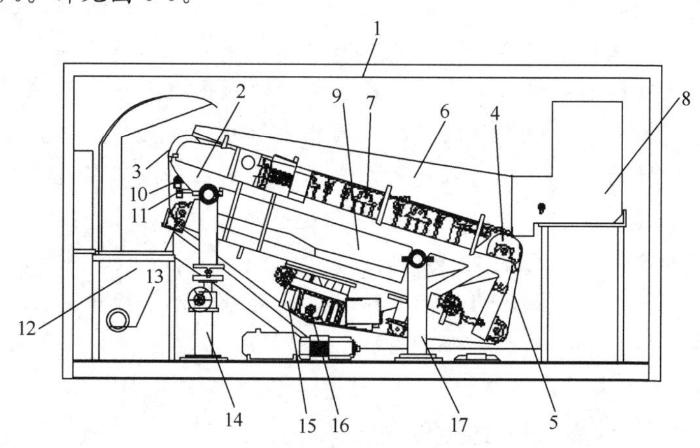

图 5-9　泥渣砂三相秒分离设备结构示意图

1—箱体；2—机架；3—驱动轮；4—从动轮；5—滤带；6—进水渠；7—转轴；8—进水箱；9—集水箱；10—气冲系统；11—张紧系统；12—集渣箱；13—出渣口；14—支撑体；15—滤带纠偏系统；16—水冲系统；17—支撑体

4）自循环高密度悬浮污泥滤沉技术

利用旋流混合搅拌和回流污泥接种混合，吸附污染物，通过沉淀实现高效清污分离。适用于排水口溢流和初期雨水处理。

【解释】该技术依靠进水旋流混合搅拌使水体处于强烈的紊动状态，将污水中污染物、药剂、自回流污泥等进行充分混合，致使污染物快速形成具有极大表面积的悬浮颗粒，吸附污水的中悬浮颗粒、胶体、有机物，并在水力作用下与回流污泥“接种”混合，形成悬浮状态的高密度污泥层，对污水进行二次接触和吸附过滤，最后通过斜管（板）沉淀，实现高效清污分离。该技术设备具有工艺流程短、处理水量大、出水水质好以及占地省、投资低、运行费用少等特点。正常运行条件下平均去除率：SS为90%～95%、TP为85%～95%、CODcr为40%～60%、NH_3-N为5%～30%；能去除绝大部分藻类，并对重金属有一定的去除率。详见图5-10，处理效果详见图5-11。

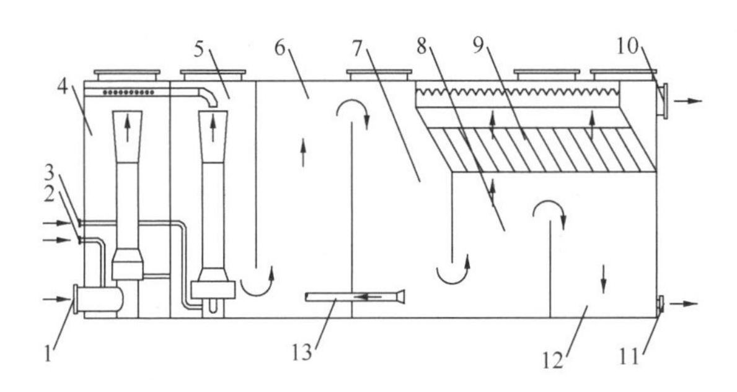

图5-10　自循环高密度悬浮污泥滤沉设备示意图

1—进水口；2—混凝剂加药口；3—絮凝剂加药口；4—快速混凝区；5—高密度絮凝区；6—推流反应絮凝区；7—接触絮凝沉淀区；8—悬浮层过滤区；9—斜管分离区；10—出水口；11—排泥口；12—污泥浓缩区；13—污泥回流管

4. 有机物和氨氮等溶解性污染物处理技术

去除污水中有机物和氨氮，宜选用快速生物处理技术等。生物处理设施前端宜设置浮渣、漂浮物和砂粒的处理设施。

图 5-11　自循环高密度悬浮污泥滤沉效果图

快速生物处理技术采用附着专属微生物菌种的高分子合成材料，快速降解污染物。适用于排水口溢流和初期雨水处理，产生的污泥应定期清理。

【解释】快速生物处理技术采用一种新型高分子合成填料，填料上预先生长专属微生物菌种，微生物种类众多、数量巨大，有机负荷高，反应时间短，处理效果好，设备小巧，便于集成化设计，对于小规模处理场合，可设计成集装箱式污水处理装置，对于大规模处理场合可设计成楼宇式污水处理站。对有机物、氨氮、总氮和总磷等污染物有非常好的去除效果，甚至可达到《城镇污水处理厂污染物排放标准》的一级 B 或一级 A 排放标准，或回用水标准。详见附录案例“住房城乡建设部双修双城试点项目之排水口就地处理项目”。流程如图 5-12 所示。

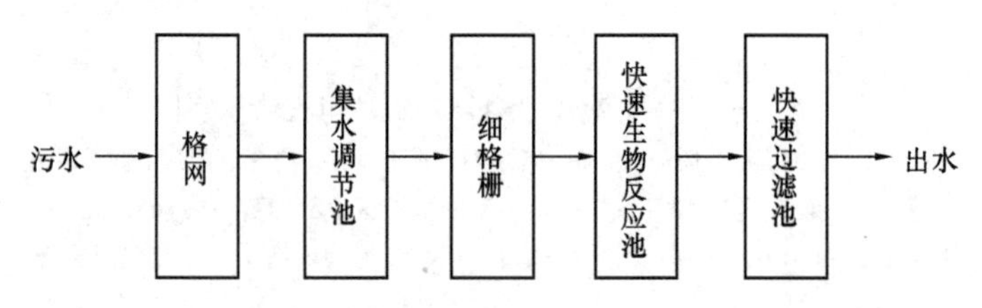

图 5-12　快速生物处理污水处理站工艺流程图

6 排水口、管道及检查井维护管理

6.1 维护管理的目的

及时发现结构性与功能性缺陷和雨污混接等问题，并采取针对性措施，保证设施功能正常发挥。

【解释】排水口、排水管道及检查井的维护需要根据维护管理内容、要求等编制计划，定期进行；只有对排水管道及排水口进行有效地维护管理，才能及时发现问题、及时采取对策措施，保证排水管道完好和安全稳定运行，保持良好的水力功能和结构状况，清除管道及检查井内沉积物以减少管道沉积物排入水体造成水体污染，杜绝地下水、水体水等外来水的入渗，有效杜绝雨污混接，充分发挥设施的功能，保证管通水畅。

排水口、管道及检查井维护管理工作应按照《城镇排水与污水处理条例》要求，执行国家现行标准《城镇排水管道与泵站运行、维护及安全技术规程》CJJ 68－2016和《排水管道维护安全技术规程》CJJ－6等相关规定。本章定期维护管理的内容包括：清淤、疏通维护，检查井和雨水口的清捞，排水口的清淤等；排水管道档案应包括维护管理工作计划、工程竣工资料，巡查、维护、运行和维修资料，水质水量检测资料，各类事故处理报告等。

6.2 维护管理工作要求

维护管理工作主要有计划编制、定期检测、定期维护、台账管理等。

6.2.1 计划编制

计划编制目的是选择合适的维护频率，采取有效的维护手段，达到最佳维护效果。排水管道、检查井和雨水口的维护频率不应低于表6-1的规定。

维护计划一般包括：路名、路段、管道类型、管径、长度、维护技术手段、维护单位、维护经费等。

通过巡视和开盖检测，必要时采用电视和声呐检测等技术手段，根据检测结果调整维护计划。

当淤积超过或接近允许积泥深度时应安排维护；当管道积泥最大深度达到表6-2数值时，应予以及时维护。

表6-1 排水管道、检查井和雨水口的维护频率

排水管道性质	排水管道划分				检查井	雨水口
	小型	中型	大型	特大型		
雨水、合流管道（次/年）	2	1	0.5	0.3	4	4
污水（次/年）	2	1	0.3	0.2	4	—

表6-2 排水管道、检查井和雨水口最大积泥深度

设施类别		最大积泥深度
管道和排水口		管径或渠净高度的1/5
检查井	有沉泥槽	管底以下50mm
	无沉泥槽	管径的1/5
雨水口	有沉泥槽	管底以下50mm
	无沉泥槽	管底以上50mm

【解释】在一般情况下，雨季的维护频率高于旱季；旧城区的维护频率高于新建住宅区；低级道路的维护频率高于高级道路；小型管的维护频率高于大型管。根据维护频率确定年度维护计划量，然后平均到每个月，作为每月的维护计划基数。具体维护路段的选择确定，充分运用以往维护中摸索出的经验，结合各区设施的特点，在管径上考虑大、中、小管道的比例；在区域上考虑重点（或敏感）区域、难点区域、易积水区域和一般区域的比例；在时间上则考虑春节，汛前、汛中和讯后；突出重点、难点。

6.2.2 维护管理指标

维护管理指标一般包括疏通率、单位管长产泥量、单位管长维护经费等。通过维护指标的分析对比，查找薄弱点和关键点，指导维护工作开展。

【解释】疏通率指年度疏通管道量与管道设施量的比值，该指标反映管道总体疏通情况（不分管径）；单位产泥量为年度疏通管道产泥量与年度疏通管道长度的比值；该指标反映管道清淤情况；单位经费投入指年度维护经费与该区管道设施量的比值，该指标综合反映管道维护经费投入水平。如：2015 年上海全市排水管道疏通维护率 153.30%，单位产泥量 9.74 m^3/km，单位经费投入 2.41 万元/km。

6.2.3 台账管理

建立维护管理台账，包括原始记录和统计报表。统计报表应按管道类型、管径、维护作业方式等统计维护工作量，按月统计工、料、机等。

【解释】维护报表分为维护日报、月报及年报等，通过报表统计可核准维护工作量，作为管理单位核拨维护经费的依据。同时，维护统计数据可作为编制维护定额的基础资料，且实际完成工作量的统计可为科学制订维护计划提供依据。

6.2.4 经费保障

依据排水管道检测、维护等相关技术规程和维护维修定额，结合当地排水管道设施维护维修实际情况，申请年度财政预算。

【解释】排水管道检测、维护相关技术规程主要包括《城镇排水管道与泵站运行、维护及安全技术规程》CJJ 68 和《城镇排水管道检测与评估技术规程》CJJ 181 等。各地根据实际应编制《排水管道设施维护维修预算定额》，其可作为编制排水管道设施维护年度经费和排水管道设施维护维修工程招标标底和投标报价的参考依据，也可作为编制排水管道设施维护维修工程预算和结算、招标标底以及投标报价和年度经费定额的参考依据。

6.3 维护管理的方法

6.3.1 维护前准备工作

维护管理前应开展的准备工作，包括人员进场、防护工作、开启井盖、检查等，具体检查内容详见表 6-3。

表 6-3 维护前检查内容

序号	设施种类	检查方法	检查内容
1	管道	井上检查	违章占压、地面塌陷、水位水流、淤积情况
		井下检查	变形、腐蚀、渗漏、接口、树根、结构等
2	雨水口、检查井及排水口	井上检查	违章占压、违章接管、井盖井座、雨水篦子、踏步及井墙腐蚀、井底积泥、井深结构、排水口积泥等
3	明渠	地面检查	违章占压、违章接管、边坡稳定、渠边种植、水位水流、淤积、涵洞、挡墙缺损腐蚀等
4	倒虹管	井上检查	两端水位差、检查井、闸门或挡板等
		井下检查	淤积腐蚀、接口渗漏等

【解释】管道和排水口维护前，应在采取相应的防护措施后，再开启井盖并开展检查，并做好下列工作：

1）管道和排水口维护过程中，周边行人、车辆将对维护人员、器械带来风险，因此，待人员进场后，应设置相应的防护工作；开启后的检查井要设置安全防护措施，防止坠落。

2）开闭井盖要采用具有一定刚性的专用工具，开启管道压力井盖、带锁井盖和排水泵站出水压力池盖板等压力井盖时，应采取相应的防爆措施。

6.3.2 排水口维护

排水口维护包括排水口清淤、防冲刷和相关设施设备的维护。排水口维护的要求是保持水流畅通和结构完好。

6.3.3 排水管道疏通维护

排水管道疏通维护可有效清除沉积淤泥，改善水力功能，减少排入水体的污染物。方法主要有水力可采用射水疏通、绞车疏通、推杆疏通、转杆疏通、水力疏通和人工铲挖等方式。

【解释】排水管道中沉积物如不及时清除，特别是合流制管道和分流制雨水管道，在降雨期间就会排入水体中，许多城市水体下雨就黑与此有很大关系，同时也影响了排水管道水力功能的正常发挥。上海全市每年疏通维护排水管道长度约 1.6 万 km，清捞污泥量约 16 万 m^3。各种疏通方法特点是：

1）推杆疏通：用人力将竹片、钢条、沟棍等工具推入管道内清除堵塞的疏通方法称为推杆疏通；推杆疏通具有设备简单，成本低的优点，主要用于小型管道。

2）转杆疏通：疏通杆以旋转方式进入管道打通堵塞的方法称为转杆疏通；目前的转杆疏通机大多采用弹簧式转杆，大多用于小区或室内排水管道。

3）绞车疏通：用绞车牵引铲泥工具来疏通管道的方法称为绞车疏通；绞车可分为人力绞车和机动绞车，针对不同的管道断面、堵塞物及污泥含水率，可选择不同的通沟牛。

4）射水车疏通：射水车是一种将高压泵、高压软管、绞盘、喷嘴、水箱等射水疏通设备组合在一起的专用车辆，也称高压疏通车；射水车的种类很多，大致可分为轻型射水车、大中型射水车和联合疏通车。

5）水力疏通：水力疏通的原理是采用提高上下游水位差，加大流速来疏通管道的方法称为水力疏通。

6.3.4 检查井、雨水口维护

检查井、雨水口维护清掏宜采用吸泥车、抓泥车、联合疏通车等机械设备。

【解释】排水管道疏通的淤泥是由检查井清出的。各种维护设备特点是：

1）吸泥车疏通车：(1) 大多数真空式吸泥车适用于有水的排水管道，以水为介质把污泥带走，在吸管中，泥水呈实心水柱状态；(2) 风机式吸泥车适用于少水或无水的排水管道，以空气为介质把污泥杂物带走，风机式吸泥车运用空气的动能吸泥，吸泥高度不受大气压的影响。

2）抓泥车疏通：具有操作简单、效率高、成本低等优点，且不受深度限制。

3）联合疏通车：具有射水和真空吸泥功能的疏通车称为联合疏通车；联合疏通车的优点是疏通效率高，但成本较高。

6.3.5 管道淤泥处理处置

1. 管道淤泥运输

清掏后管道淤泥应及时运输至处理处置场所，运输车辆应按指定路线运输，并应在指定地点卸倒。

【解释】清掏出的排水管道污泥若未得到妥善的运输和有效的处理，将严重影响区域市容市貌和水环境。运输车辆应按市政管理行政部门依法批准的运输线路、时间、装卸地点运输和卸倒，个人和没有获得相关运营资质的单位不得从事排水管道污泥的运输。考虑到其具有良好的脱水沉降性能，产生的地点、量和时间具有较大的不确定性，以及每个工日每次疏通产生的污泥量相对较小等特点，应在适当地点设置污泥浓缩中转站，同时起到污泥浓缩和贮存的作用，以使污泥含水率进一步降低，便于汽车运输。浓缩产生的污水应就近接入污水管道，避免造成二次污染。

2. 管道淤泥处理处置

按照排水系统布局合理设置管道淤泥处理站，淤泥在处理站进行泥砂分离和脱水处理。鼓励将分离出的砂作为建材利用，脱水后的淤泥进行卫生填埋等方式处置。

【解释】排水管道污泥中转站和处理站的设置布点可优先考虑污水处理厂、雨污水泵站及现有排水管道污泥码头垃圾填埋场或专用堆场。

6.4 质量检查与考核

排水主管部门应对维护管理质量进行检查与考核，其中排水管道设施疏通清捞维护质量标准应符合表6-4的规定。

维护考核内容可包括报表上报、维护检查及整改、经费投入、机械化率、疏通率等内容，宜建立月度和年度考核机制。

排水管道污泥处置运营单位应建立完善的检测、记录、存档和报告制度；排水管理单位应对处置过程进行跟踪和监督。

可通过建立维护企业信息系统、业绩备案、诚信评价等措施来实现对维护企业的监管；维护监督管理宜通过信息化手段来实现。

表 6-4　排水管道设施疏通清捞维护质量标准

<table>
<tr><th>检查项目</th><th>检查方法</th><th>质量要求</th></tr>
<tr><td rowspan="3">残余污泥</td><td>绞车检查</td><td>第一遍绞车检查，铁牛内厚泥不应超过铁牛直径的1/2；管道长度按40m计，超过或不足40m允许积泥按比例增减</td></tr>
<tr><td>电视检测</td><td>疏通后积泥深度不应超过管径或渠净高的1/8</td></tr>
<tr><td>声呐检测</td><td>疏通后积泥深度不应超过管径或渠净高的1/8</td></tr>
<tr><td>检查井</td><td>目视、花杆和量泥斗检查</td><td>井壁清洁无结垢；井底不应有硬块，不得有积泥</td></tr>
<tr><td>工作现场</td><td>目视检查</td><td>工作现场污泥、硬块不落地；作业面冲洗干净</td></tr>
</table>

【解释】维护考核还可包括外业和内业考核，外业考核主要是维护检查结果，一般包括电视、声呐检测管道功能性状况、目测检查设施完好情况及改造情况等；内业主要为维护报表统计，还可包括管理单位监管情况、污泥处理处置情况等；经费投入、机械化率、疏通率等指标一般作为年度考核内容。维护企业应符合《城镇排水与污水处理条例》（国务院令第641号）第十六条的相关规定。通过维护监管信息化建设，可实现维护结果的统计、分析，抽检工单的自动生成、下发，抽检结果的采集、汇总、统计分析，检测资料的入库、发布等功能，为各级管理部门服务，大大提高工作效率。

主 要 术 语

1. 外来水 extraneous water

包括通过排水管道及检查井破损、脱节接口等结构性缺陷入渗排水系统的地下水、泉水、水体侧向补给水、漏失的自来水等，通过排水口倒灌入排水管道的河（湖）水等，通过检查井盖孔隙流入排水管道的地面径流雨（雪）水等。

2. 结构性缺陷 structural defect

排水管道及检查井结构本身遭受损伤，影响强度、刚度和使用寿命的缺陷，是地下水等外来水入渗、污水外渗的主要通道。

3. 功能性缺陷 functional defect

导致排水管道及检查井过水断面发生变化，影响通畅性能的缺陷，其中淤泥等沉积物是影响水体环境质量的主要因素。

4. 倒灌 flow backward

河水、湖水、江水、海水等水体水通过排水口倒流入排水管道。

5. 初期雨水 initial rainfall

降雨初期一定时段内的雨水径流，其污染状况与空气质量、地表卫生和管道维护情况等有关。

6. 旱天 dry days

连续 3d 不降雨的天气时段。

7. 雨天 rainy days

除旱天以外的天气时段。

8. 检查井 manhole

排水系统中连接管道以及供维护工人检查、清通和出入的管道附属设施的统称，包括跌水井、水封井、冲洗井、溢流井、截流井、闸门井、潮门井、沉泥井等。

9. 结构性缺陷修复指数　structural defect rehabilitation index

依据管道结构性缺陷类型、严重程度、数量以及影响因素计算得到的数值。数值越大表明管道修复的紧迫性越大。

10. 功能性缺陷维护指数　functional defect maintenance index

依据功能性缺陷的类型、严重程度、数量以及影响因素计算得到的数值。数值越大表明管道维护的紧迫性越大。

11. 污水外渗　percolation

管道埋设在地下水位以上的地区，排水管道和检查井室内污水在静压差作用下，通过管道接口或管道、检查井破损等结构性缺陷处渗出管网外部。

12. 混接污水截流管道　intercepting pipe of mixed sewage

为减少混接进入雨水管道的污水在分流制雨水排水口直排，或者溢流问题，沿水体敷设的截流管道。

13. 截污调蓄池　regulating reservoir of sewage intercepting

用于控制混接污水、初期雨水，以及污染道路清扫、浇洒、绿化、路边餐饮、洗车等经雨水口的非直接接入污水的调蓄池。

14. 区域混接调查　regional mixed points investigation

针对一个或多个排水区域内所有混接点的调查工作。

15. 单个混接调查　single mixed point investigation

针对某个排水区域内独立混接点的调查工作。

16. 雨水口　inlet

收集地面径流雨水的构筑物。

引用标准名录

1.《爆炸性气体环境用电气设备》GB 3836

2.《室外排水设计规范》GB 50014

3.《给水排水管道工程施工及验收规范》GB 50268

4.《城镇污水处理厂污染物排放标准》GB 18918

5.《城镇排水管道维护安全技术规程》CJJ 6

6.《城镇排水管道与泵站运行、维护及安全技术规程》CJJ 68

7.《城镇排水管道检测与评估技术规程》CJJ 181

8.《城市污水水质检验方法标准》CJT 51

9.《城镇排水管道非开挖修复更新工程技术规程》CJJ/T 210

附录A 排水口前期调查记录表

排水口前期调查记录表

排水口序号	类型（一级分类编号）	存在问题（二级分类编号）	对应气候（旱天，或雨天）	溢流情况（三级编号）	备注

附录B 排水口现状调查成果表

排水口现状调查成果表

<table>
<tr><td colspan="9">水体名称：</td><td colspan="8">调查地段： 河 段</td></tr>
<tr><td colspan="9">调查日期： 年 月 日</td><td colspan="8">天气情况：</td></tr>
<tr><td colspan="9">调查单位：</td><td colspan="8">调查人员签字：</td></tr>
<tr><td>排水口编号</td><td>调查时间</td><td>排水口类型编号</td><td>排水口坐标X</td><td>排水口坐标Y</td><td>排水口断面形式</td><td>排水口断面尺寸</td><td>排水口材质</td><td>末端控制</td><td>出流形式</td><td>管底高程</td><td>水体常水位</td><td>旱天排水量</td><td>旱天排水水质</td><td>雨天排水量</td><td>雨天排水水质</td><td>照片编号</td></tr>
<tr><td></td><td></td><td></td><td></td><td></td><td></td><td></td><td></td><td></td><td></td><td></td><td></td><td></td><td></td><td></td><td></td><td></td></tr>
<tr><td></td><td></td><td></td><td></td><td></td><td></td><td></td><td></td><td></td><td></td><td></td><td></td><td></td><td></td><td></td><td></td><td></td></tr>
<tr><td></td><td></td><td></td><td></td><td></td><td></td><td></td><td></td><td></td><td></td><td></td><td></td><td></td><td></td><td></td><td></td><td></td></tr>
<tr><td></td><td></td><td></td><td></td><td></td><td></td><td></td><td></td><td></td><td></td><td></td><td></td><td></td><td></td><td></td><td></td><td></td></tr>
<tr><td></td><td></td><td></td><td></td><td></td><td></td><td></td><td></td><td></td><td></td><td></td><td></td><td></td><td></td><td></td><td></td><td></td></tr>
</table>

附录C　缺陷标准定义、等级及样图

结构缺陷标准定义、等级及样图

<table>
<tr><td>名称：破裂</td><td>代码：PL</td><td>缺陷类型：结构性缺陷</td></tr>
<tr><td colspan="3">定义：管道外部压力超过其自身的承受力致使管材发生破裂。其形式有纵向、环向和复合3种</td></tr>
<tr><td>等　级</td><td colspan="2">电视样图</td></tr>
<tr><td>1级（裂痕）：
当下列一个或多个情况存在时：
1）在管壁上可见细裂痕。
2）在管壁上由细裂缝处冒出少量沉积物。
3）轻度剥落</td><td colspan="2"> 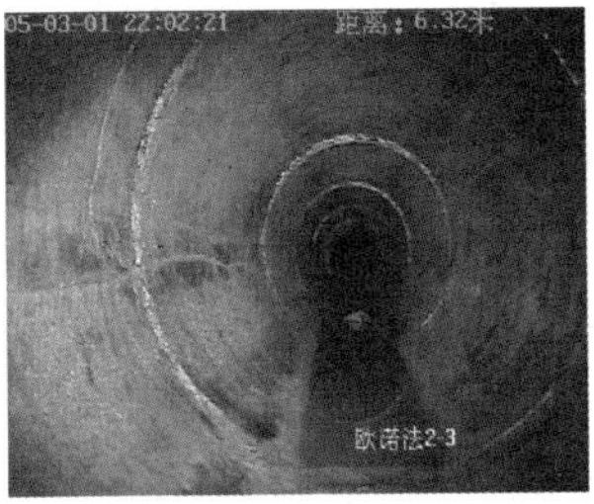</td></tr>
<tr><td>2级（裂口）：
破裂处已形成明显间隙，但管道的形状未受影响且破裂无脱落</td><td colspan="2"> 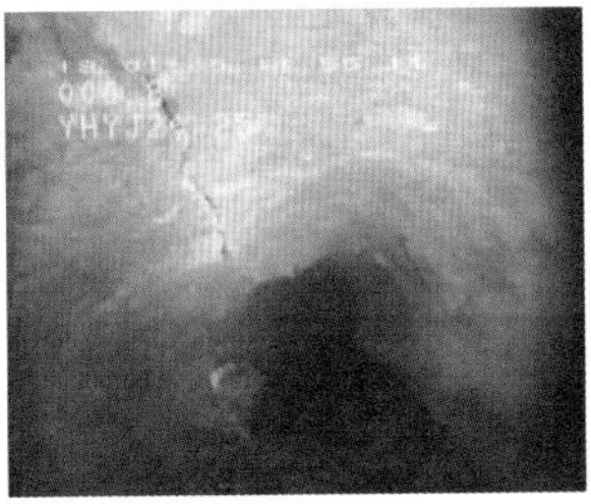</td></tr>
</table>

续附录 C

等　级	电视样图
3级（破碎）： 当下列一个或多个情况存在时： 1）管壁材料移位或脱落处所剩碎片的环向覆盖范围小于弧长60°。 2）变形小于管道直径的15%（只适用于刚性管）	
4级（坍塌）： 当下列一个或多个情况存在时： 1）变形大于管道直径的15%。 2）管道材料裂痕、裂口或破碎处边缘环向覆盖范围大于弧长60°。 3）管壁材料发生脱落的环向范围大于弧长60°	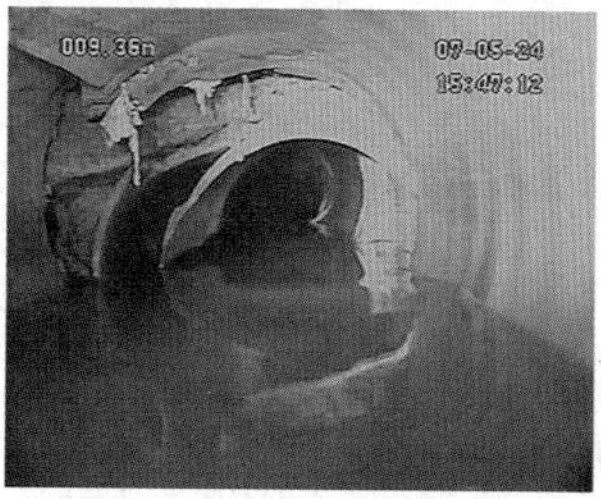

续附录 C

<table>
<tr><td>名称：变形</td><td>代码：BX</td><td>缺陷类型：结构性缺陷</td></tr>
<tr><td colspan="3">定义：管道的原样被改变（只适用于柔性管）。变形比率＝（原内径－最大变形内径）÷原内径</td></tr>
<tr><td>等　级</td><td colspan="2">电视样图</td></tr>
<tr><td>1级：
变形小于管道直径的5％</td><td colspan="2"> 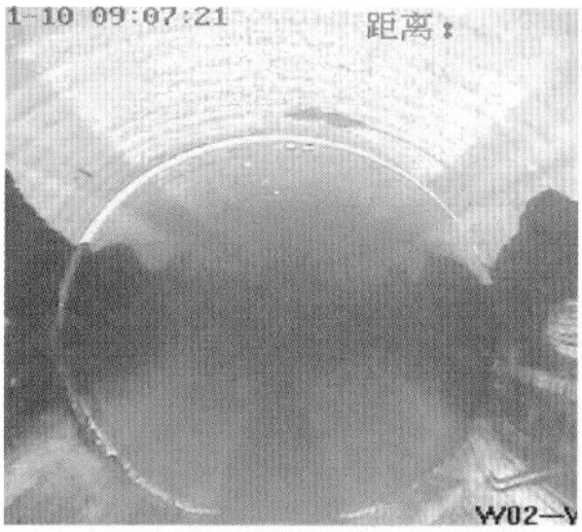</td></tr>
<tr><td>2级：
变形为管道直径的5％～15％</td><td colspan="2"> 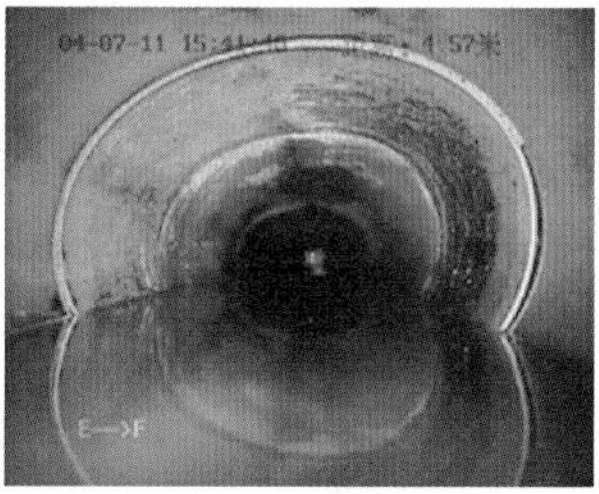</td></tr>
<tr><td>3级：
变形大于管道直径的15％</td><td colspan="2"> 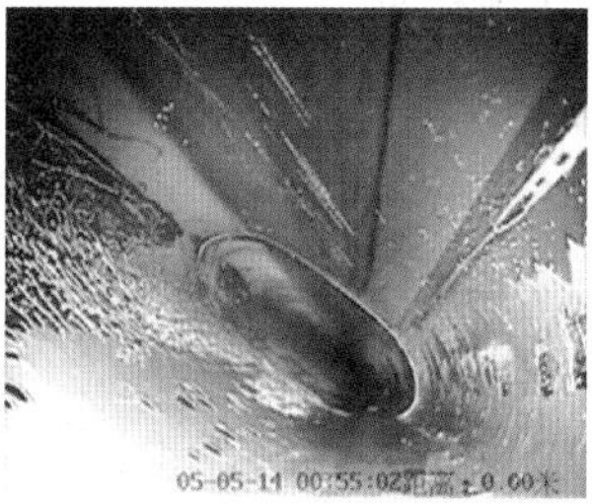</td></tr>
<tr><td colspan="3">注：
1）此类型的故障记录只适用于柔性管。
2）变形的百分比例确认需以实际测量为基础。</td></tr>
</table>

续附录 C

名称：错位	代码：CW	缺陷类型：结构性缺陷
定义：两根管道的套口接头偏离，未处于管道的正确位置。邻近的管道看似“半月形”		

等　级	电视样图
1级（轻度错位）： 错位距离小于管壁厚度 1/2	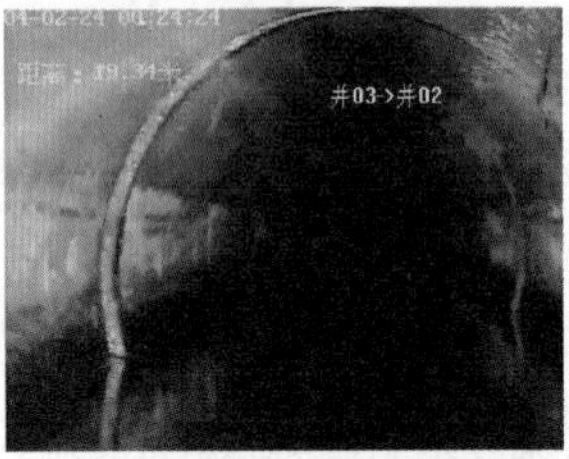
2级（中度错位）： 错位距离为管壁厚度 1/2～1	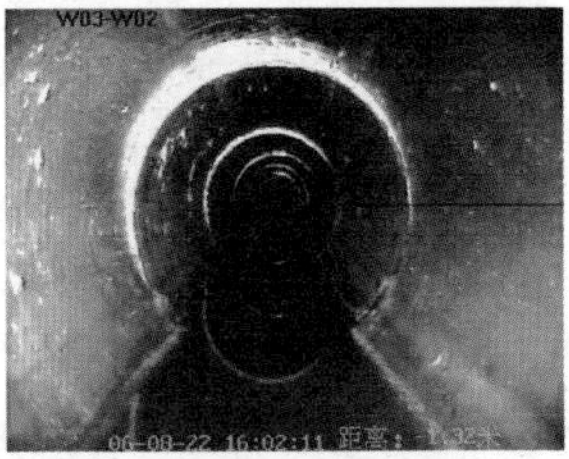
3级（重度错位）： 错位距离为管壁厚度 1～2 倍	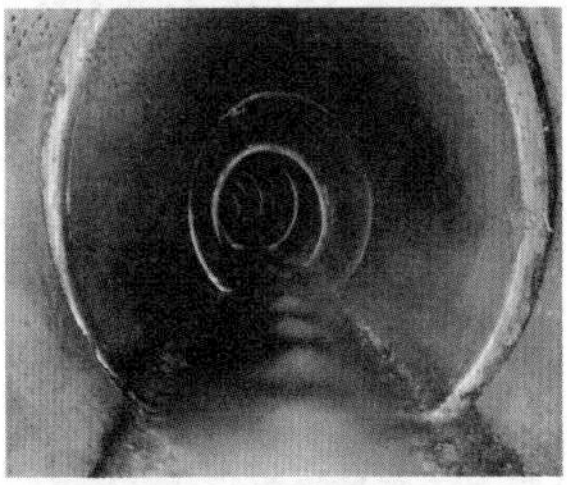
4级（严重错位）： 错位距离为管壁厚度 2 倍以上	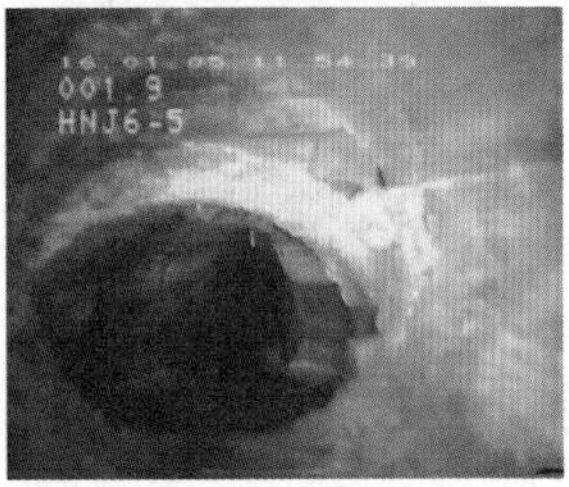

续附录 C

<table>
<tr><td>名称：脱节</td><td colspan="2">代码：TJ</td><td>缺陷类型：结构性缺陷</td></tr>
<tr><td colspan="4">定义：两根管道的套口接头未充分推进或脱离。邻近的管道看似“全月形”</td></tr>
<tr><td colspan="2">等　级</td><td colspan="2">电视样图或示意图</td></tr>
<tr><td colspan="2">1 级（轻度脱节）：
脱节距离小于管壁厚度 1/2</td><td colspan="2">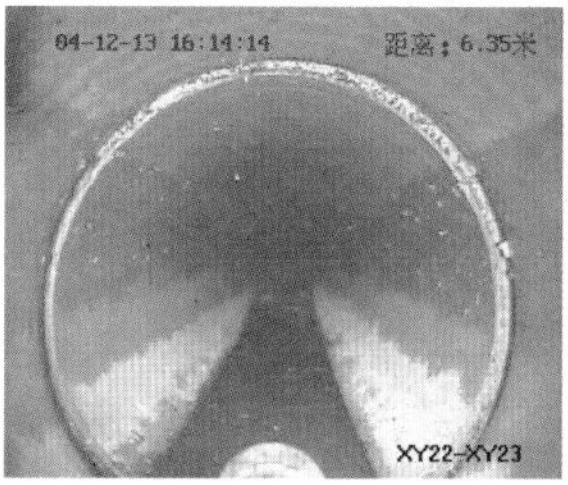
</td></tr>
<tr><td colspan="2">2 级（中度脱节）：
脱节距离处于管壁厚度 1/2 与 1 之间</td><td colspan="2">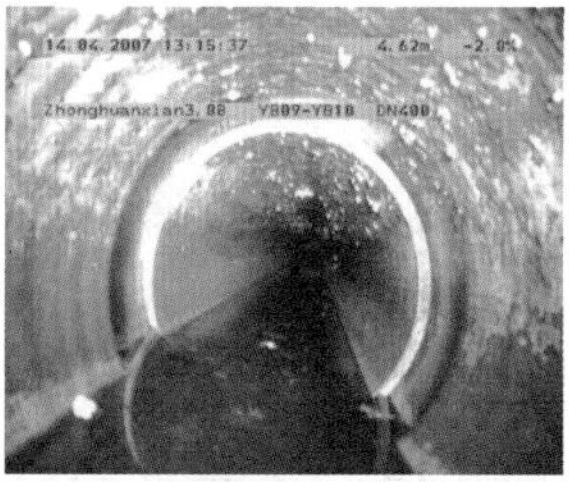
</td></tr>
<tr><td colspan="2">3 级（重度脱节）：
脱节距离为管壁厚度 1～2 倍</td><td colspan="2">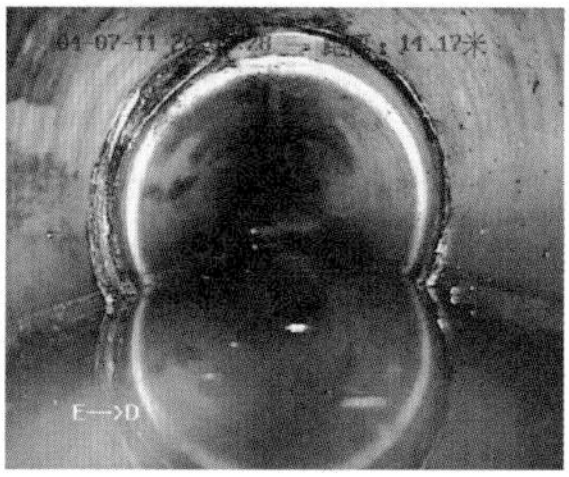
</td></tr>
<tr><td colspan="2">4 级（严重脱节）：
脱节距离为管壁厚度 2 倍以上</td><td colspan="2">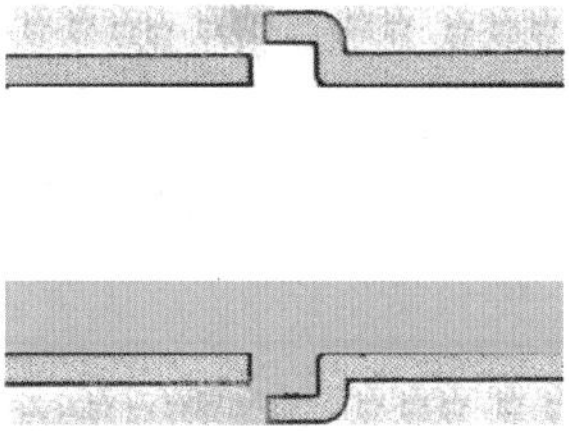</td></tr>
</table>

续附录 C

<table>
<tr><td>名称：渗漏</td><td>代码：SL</td><td>缺陷类型：结构性缺陷</td></tr>
<tr><td colspan="3">定义：来源于地下的（按照不同的季节）或来自于邻近漏水管的水从管壁、接口及检查井壁流出</td></tr>
<tr><td>等　级</td><td colspan="2">电视样图</td></tr>
<tr><td>1 级（渗漏）：
在管壁上有明显的水印，但未见水流出</td><td colspan="2"> </td></tr>
<tr><td>2 级（滴漏）：
水间断从缺陷点滴出，水流不连续</td><td colspan="2"> 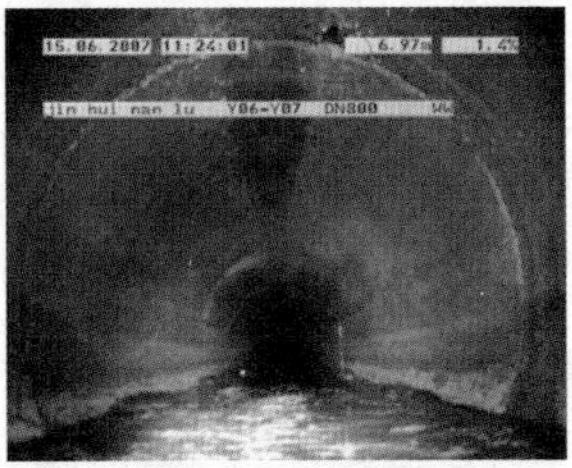</td></tr>
<tr><td>3 级（线漏）：
水持续从缺陷点流出</td><td colspan="2"> 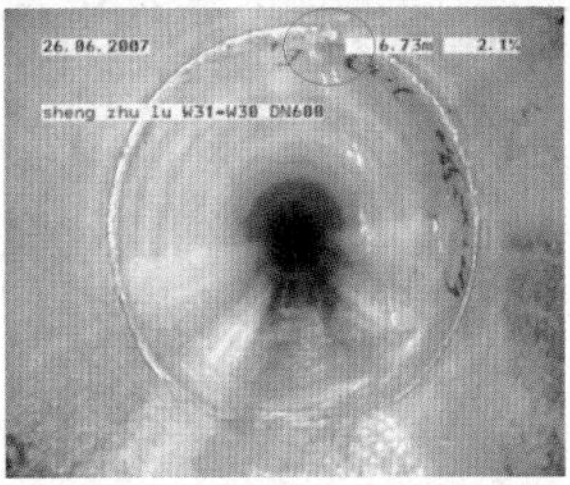</td></tr>
<tr><td>4 级（涌漏）：
水从缺陷点涌出或大量喷射出来</td><td colspan="2"> 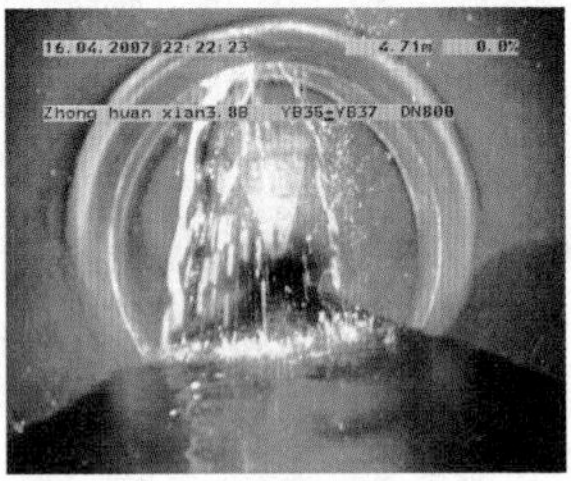</td></tr>
</table>

续附录 C

<table>
<tr><td>名称：腐蚀</td><td>代码：FS</td><td>缺陷类型：结构性缺陷</td></tr>
<tr><td colspan="3">定义：管道内壁受到有害物质的腐蚀或管道内壁受到磨损。管道标准水位上部的腐蚀来自于排水管道中的酸碱腐蚀物所造成的腐蚀</td></tr>
<tr><td>等　级</td><td colspan="2">电视样图</td></tr>
<tr><td>1 级（轻度腐蚀）：
表面轻微剥落，管壁出现凹凸面</td><td colspan="2"> </td></tr>
<tr><td>2 级（中度腐蚀）：
表面剥落显露卵石或钢筋</td><td colspan="2"> 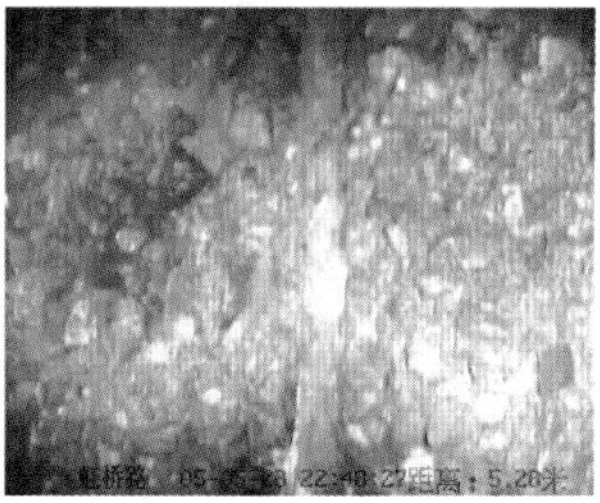</td></tr>
<tr><td>3 级（重度腐蚀）：
卵石或钢筋完全显露</td><td colspan="2"> 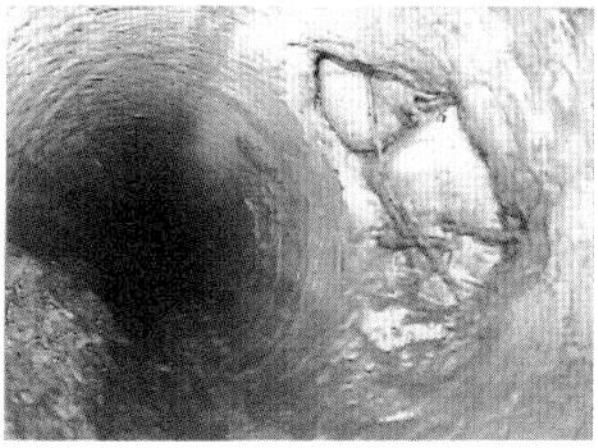</td></tr>
<tr><td colspan="3"></td></tr>
</table>

续附录 C

名称：胶圈脱落	代码：JQ	缺陷类型：结构性缺陷
定义：管道接口材料，如橡胶圈、沥青、水泥等填缝材料脱落		

等级	电视样图
1 级： 可以看见接口密封材料，但并不妨碍流量且弧长小于 15°	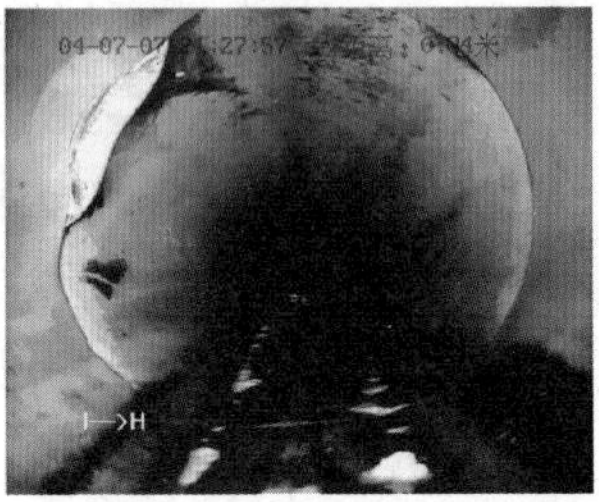
2 级： 接口材料在管道内水平方向中心线上部可见且弧长大于 15°	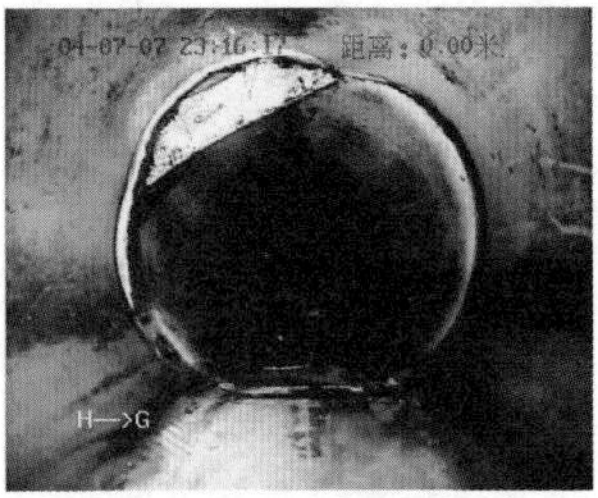
3 级： 接口材料可在管道内水平方向中心线下部可见	

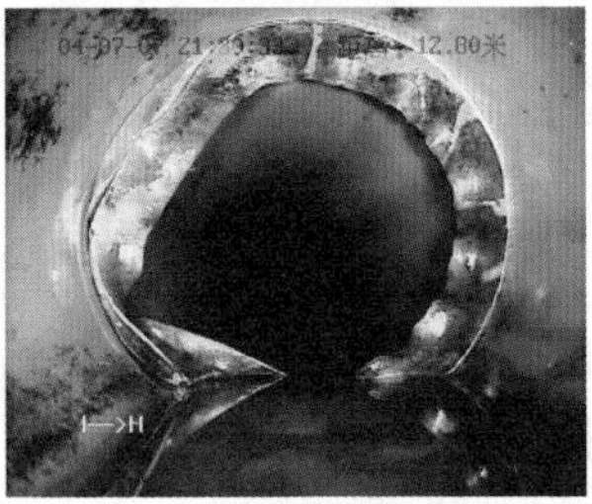

续附录 C

<table>
<tr><td>名称：支管暗接</td><td>代码：AJ</td><td>缺陷类型：结构性缺陷</td></tr>
<tr><td colspan="3">定义：支管未通过检查井直接接入主管</td></tr>
<tr><td>等　级</td><td colspan="2">电视样图或示意图</td></tr>
<tr><td>1 级：
支管进入主管内的长度小于主管直径 10%</td><td colspan="2"> 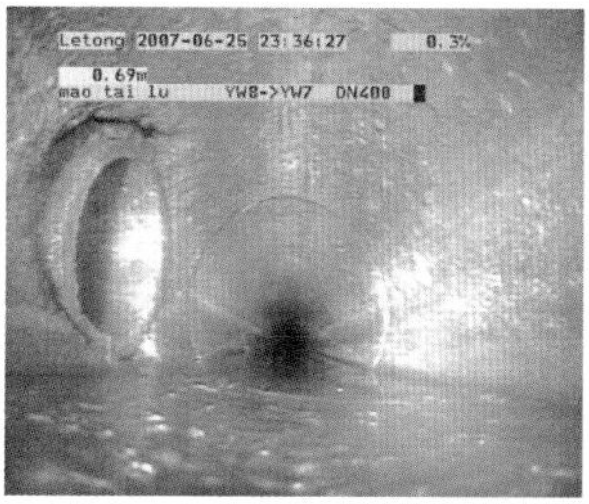</td></tr>
<tr><td>2 级：
支管进入主管内的长度在主管直径 10%～20%</td><td colspan="2"> 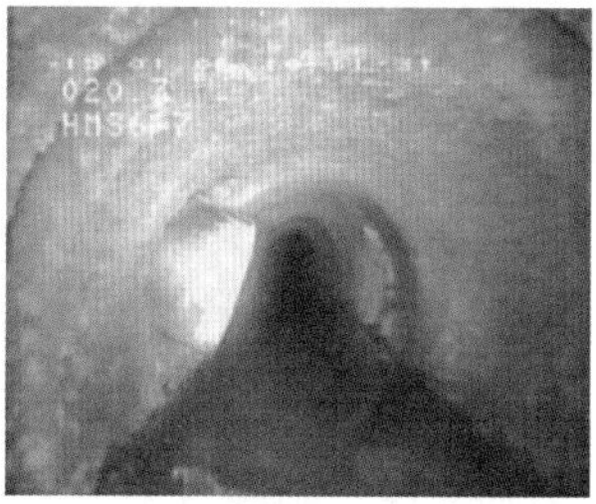</td></tr>
<tr><td>3 级：
支管进入主管内的长度大于主管直径 20%</td><td colspan="2"> </td></tr>
<tr><td>4 级：
支管未接入到主管。
注：
1）支管资料应在注栏中说明；
2）主管缺陷需单独报告</td><td colspan="2"> </td></tr>
</table>

续附录 C

名称：异物侵入	代码：QR	缺陷类型：结构性缺陷
定义：非自身管道附属设施的物体穿透管壁进入管内		
等　级	电视样图	
1 级： 异物在管道内水平中心线的上方，且占用过水断面小于 10%	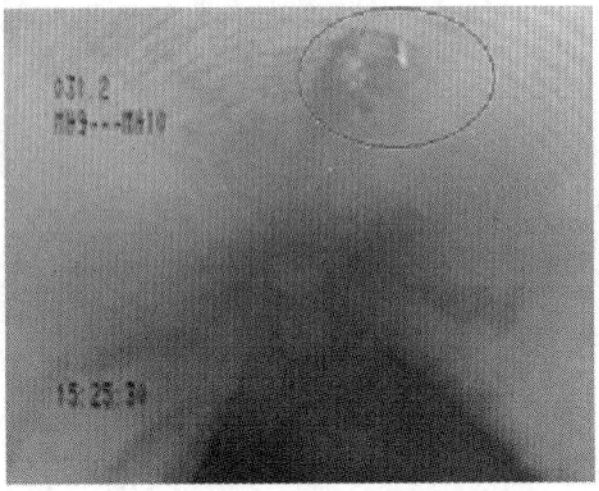	
2 级： 异物在管道内水平中心线的下方，且占用过水断面小于 10%； 异物在管道内水平中心线的上方，且占用过水断面大于 10%	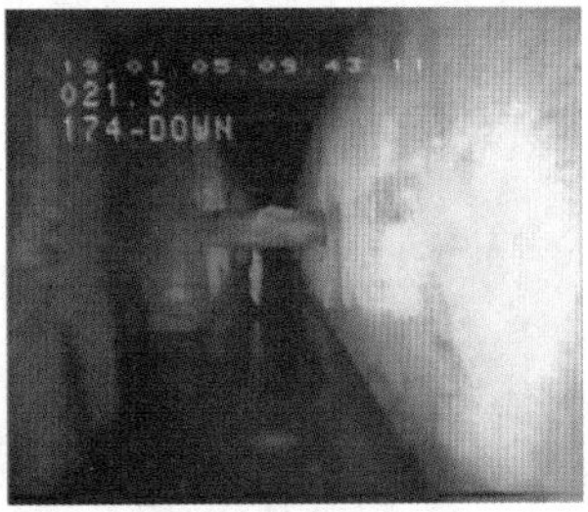	
3 级： 异物在管道内水平中心线的下方，且占用过水断面大于 10%	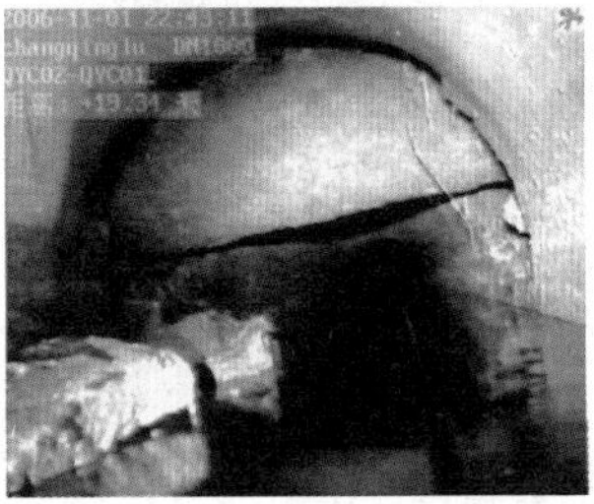	

续附录 C

<table>
<tr><td>名称：沉积</td><td>代码：CJ</td><td>缺陷类型：功能性缺陷</td></tr>
<tr><td colspan="3">定义：管道水中的有机或无机物，在管道底部沉积，形成了减少管道横截面面积的沉积物</td></tr>
<tr><td>等级</td><td>电视样图</td><td>声呐样图</td></tr>
<tr><td>1 级：
沉积物深度小于管径的 20%</td><td> </td><td> 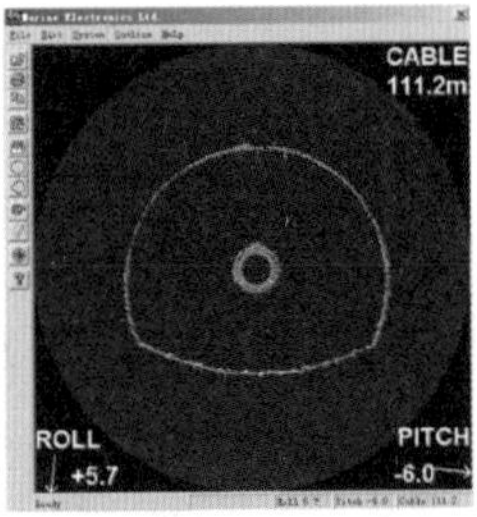</td></tr>
<tr><td>2 级：
沉积物深度在管径的 20%～40%</td><td> </td><td> 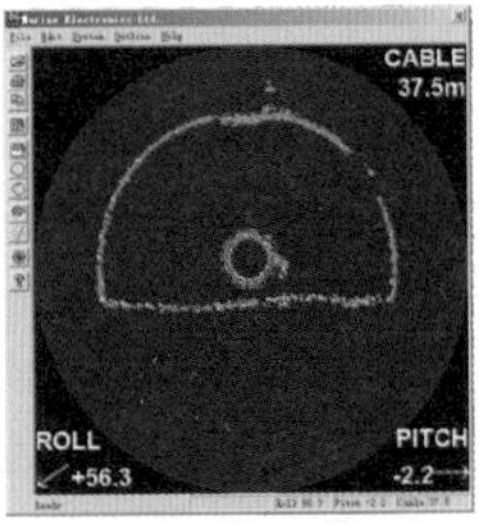</td></tr>
<tr><td>3 级：
沉积物深度大于管径的 40%</td><td> 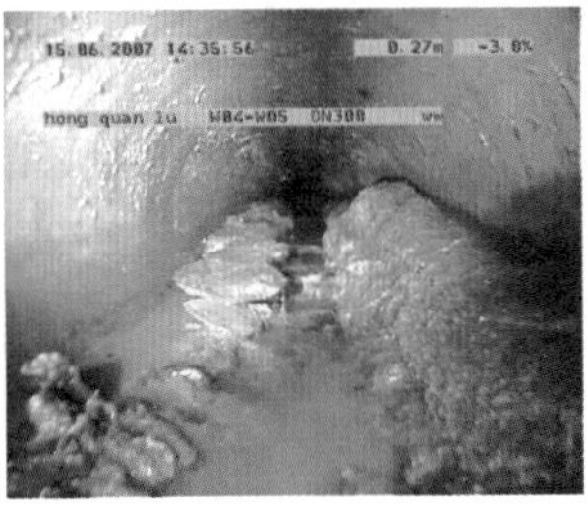</td><td> 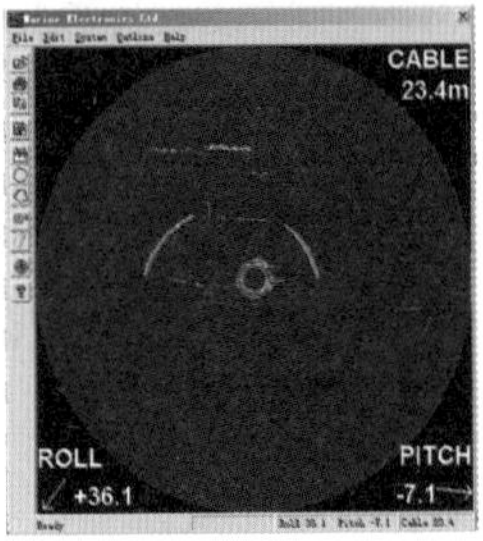</td></tr>
<tr><td colspan="3">注：
1）用时钟表示法指明沉积的范围。
2）应注明软质或硬质。
3）声呐图像应量取沉积最大值。</td></tr>
</table>

续附录 C

<table>
<tr><td>名称：结垢</td><td colspan="2">代码：JG</td><td>缺陷类型：功能性缺陷</td></tr>
<tr><td colspan="4">定义：管道水中的污物，附着在管道内壁上，形成了减少管道横截面面积的附着堆积物</td></tr>
<tr><td colspan="2">等　级</td><td colspan="2">电视样图</td></tr>
<tr><td colspan="2">1 级：
硬质结垢造成的过水断面积损失小于 15%；
软质结垢造成的过水断面积损失 15%～25%</td><td colspan="2">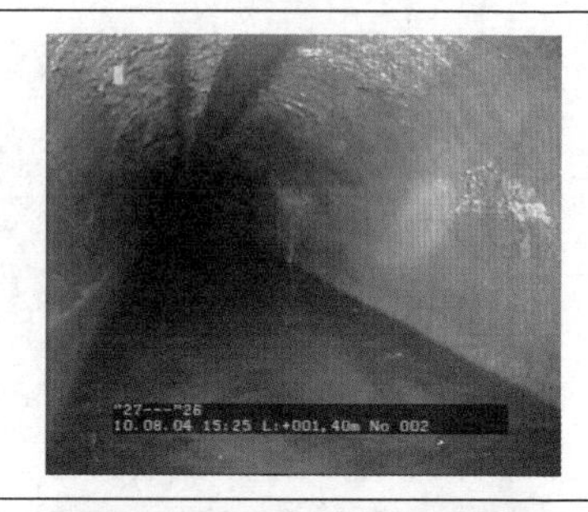</td></tr>
<tr><td colspan="2">2 级：
硬质结垢造成的过水断面积损失 15%～25%；
软质结垢造成的过水断面积损失大于 25%</td><td colspan="2">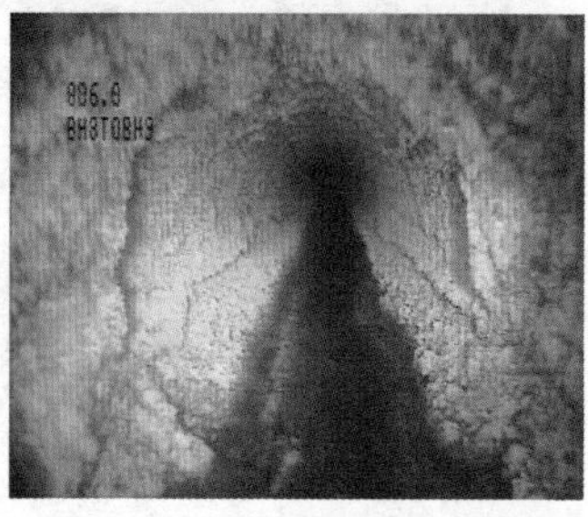</td></tr>
<tr><td colspan="2">3 级：
硬质结垢造成的过水断面积损失大于 25%</td><td colspan="2">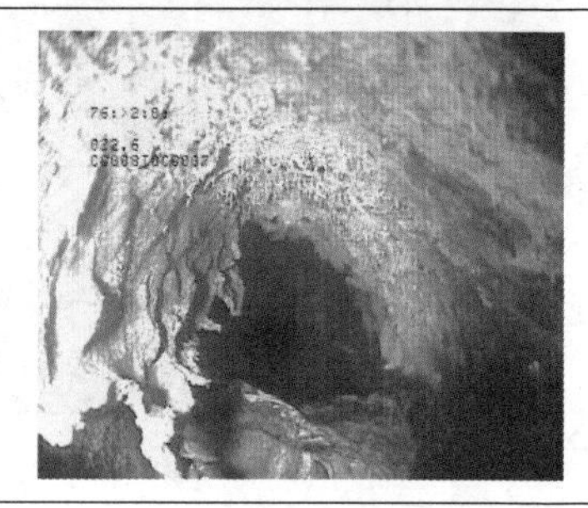</td></tr>
<tr><td colspan="4">注：
1）用时钟表示法指明结垢的范围。
2）应计算并注明过水断面损失的百分比。
3）应注明软质或硬质。</td></tr>
</table>

续附录 C

<table>
<tr><td>名称：障碍物</td><td>代码：ZW</td><td>缺陷类型：功能性缺陷</td></tr>
<tr><td colspan="3">定义：管道内坚硬的杂物，如石头、柴枝、树枝、遗弃的工具、破损管道的碎片等</td></tr>
<tr><td>等　级</td><td colspan="2">电视样图</td></tr>
<tr><td>1 级：
在检测过程中，障碍物已被去除。断面损失可忽略不计</td><td colspan="2"> </td></tr>
<tr><td>2 级：
断面损失小于 5%</td><td colspan="2"> </td></tr>
<tr><td>3 级：
断面损失大于 5%</td><td colspan="2"> 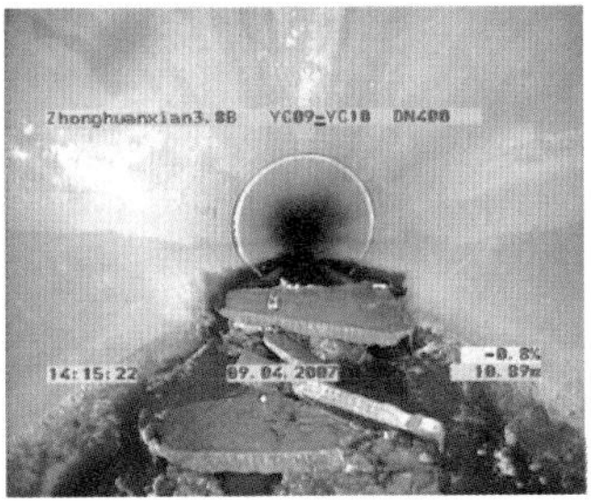</td></tr>
<tr><td colspan="3">注：应在注栏内记录障碍物体的类型及过水断面积的缩减比率</td></tr>
</table>

续附录 C

<table>
<tr><td>名称：树根</td><td>代码：SG</td><td>缺陷类型：功能性缺陷</td></tr>
<tr><td colspan="3">定义：单根树根或是树根群自然生长进入管道</td></tr>
<tr><td>等　级</td><td colspan="2">电视样图</td></tr>
<tr><td>1 级：
过水断面积损失量小于 15％</td><td colspan="2"> 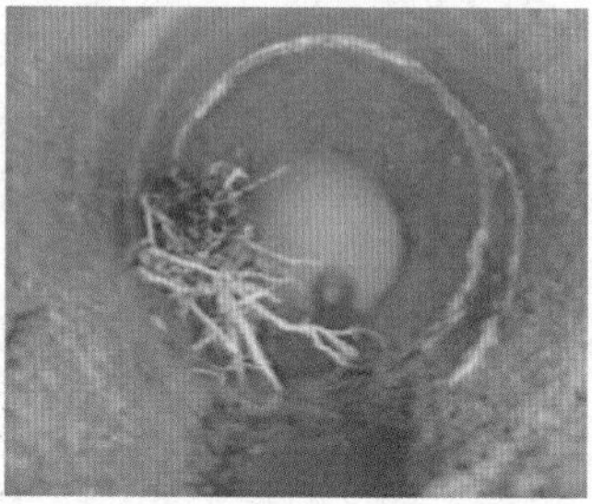</td></tr>
<tr><td>2 级：
过水断面积损失量在 15％～25％</td><td colspan="2"> </td></tr>
<tr><td>3 级：
过水断面积损失量大于 25％</td><td colspan="2"> </td></tr>
<tr><td colspan="3"></td></tr>
</table>

续附录 C

名称：注水	代码：WS	缺陷类型：功能性缺陷
定义：管道因沉降等因素形成水洼。按实际水深减去正常水位占管道内径的百分比记入检测记录表。交接确认管检测时，按结构性病害评估		
等　级	示意图	
1 级： $\frac{水深}{管径}\leqslant 20\%$	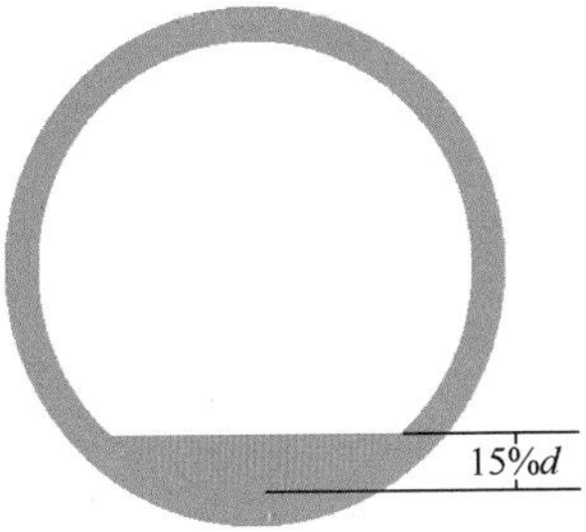 15%d	
2 级： $20\%<\frac{水深}{管径}\leqslant 40\%$	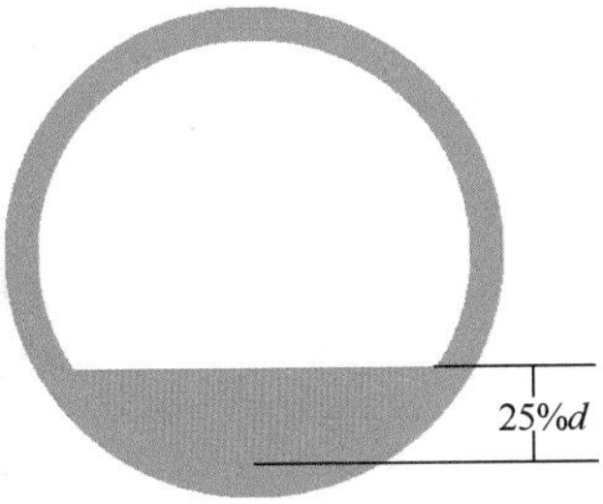 25%d	
3 级： $\frac{水深}{管径}>40\%$	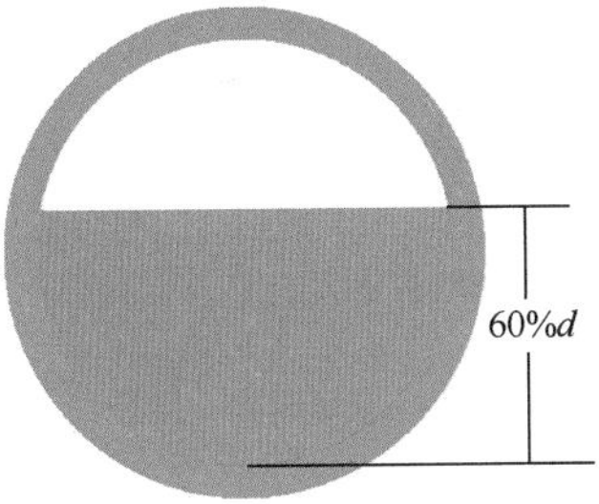 60%d	
注： 1）应如实记录百分比。 2）一般是指柔性管道。		

续附录 C

<table>
<tr><td>名称：坝头</td><td>代码：BT</td><td>缺陷类型：功能性缺陷</td></tr>
<tr><td colspan="3">定义：残留在管道内的封堵材料</td></tr>
<tr><td>等　级</td><td colspan="2">电视样图或示意图</td></tr>
<tr><td>1级：
过水断面积减少量小于5%</td><td colspan="2"> 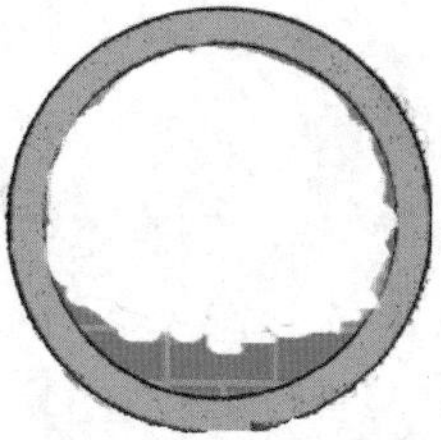</td></tr>
<tr><td>2级：
过水断面积减少量在5%至15%之间</td><td colspan="2"> 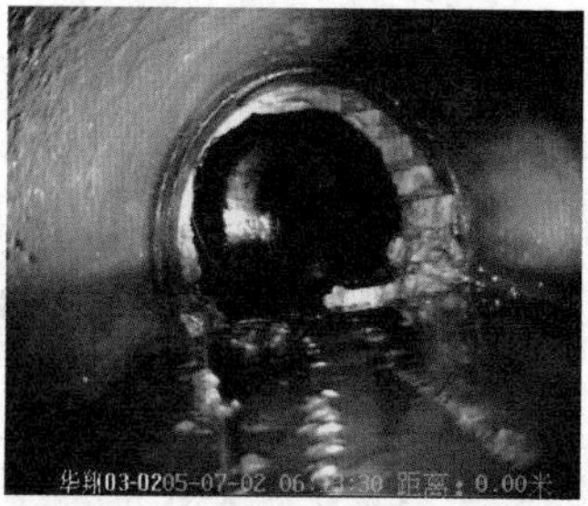</td></tr>
<tr><td>3级：
过水断面积减少量大于15%</td><td colspan="2"> 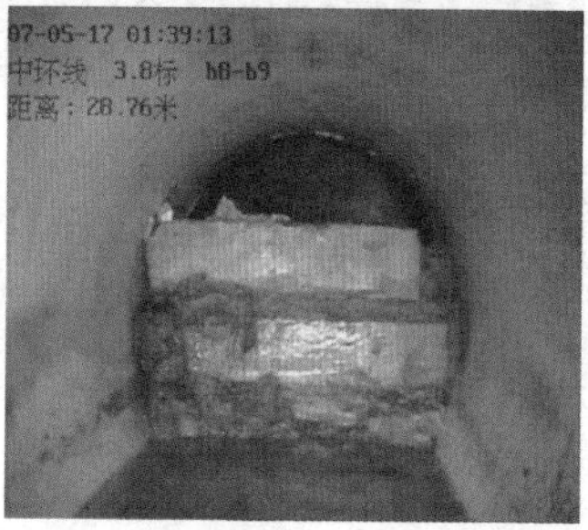</td></tr>
<tr><td colspan="3">注：
1）用时钟表示法指明坝头残留的范围。
2）应计算并注明过水断面损失的百分比。</td></tr>
</table>

续附录 C

<table>
<tr><td>名称：浮渣</td><td>代码：FZ</td><td>缺陷类型：功能性缺陷</td></tr>
<tr><td colspan="3">定义：管道内水面上的漂浮物</td></tr>
<tr><td>等　级</td><td colspan="2">电视样图</td></tr>
<tr><td>1 级：
零星的漂浮物</td><td colspan="2">
</td></tr>
<tr><td>2 级：
较多的漂浮物</td><td colspan="2">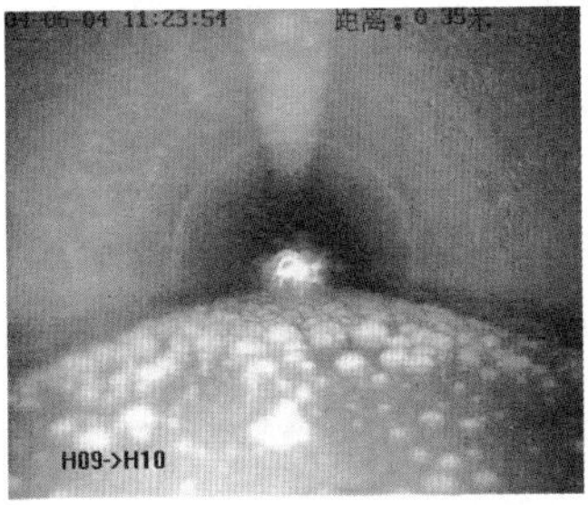
</td></tr>
<tr><td>3 级：
大量的漂浮物</td><td colspan="2">
</td></tr>
<tr><td colspan="3"></td></tr>
</table>

附件 D　结构性缺陷修复指数计算

1. 结构性缺陷参数 F 按式（D-1），或（D-2）计算：

当 $S<40$，$F=0.25\times S$　　式（D-1）

当 $S\geqslant 40$，$F=10$　　式（D-2）

式中　S——损坏状况系数，按式（D-3）计算。

$$S=\frac{100}{L}\sum_{i=1}^{n_1}P_iL_i \qquad \text{式(D-3)}$$

式中　L——被评估管道的总长度（m）；

L_i——第 i 处缺陷纵向长度（m），以个为计量单位时，1 个相当于纵向长度 1m；

P_i——第 i 处缺陷权重，见表 D-1；

n_1——结构缺陷处总个数。

2. 管道修复指数按式（D-4）计算：

$$RI=0.7\times F+0.1\times K+0.05\times E+0.15\times T \qquad \text{式(D-4)}$$

式中　K——地区重要性参数，详见表 D-2；

E——管道重要性参数，详见表 D-3；

T——管道周围土质影响参数，详见表 D-4。

表 D-1　结构性缺陷等级权重

缺陷代码、名称	缺陷等级及权重 P_i				计量单位
	1	2	3	4	
PL 破裂	0.40	2.00	8.00	24.00	个（环向）或米（纵向）
BX 变形	0.10	0.50	2.00		个（环向）或米（纵向）
DW 错位	0.15	0.75	3.00	9.00	个
TJ 脱节	0.30	1.50	6.00	18.00	个

续表 D-1

缺陷代码、名称	缺陷等级及权重 P_i				计量单位
	1	2	3	4	
SL 渗漏	0.30	1.50	6.00	18.00	个或 m
FS 腐蚀	0.15	4.75	9.00		m
JQ 胶圈脱落	0.10	0.50	2.00		个
AJ 支管暗接	0.75	3.00	9.00	12.00	个
QR 异物侵入	0.75	3.00	9.00		个

表 D-2　地区重要性参数 *K*

K 值	适用范围
10	中心商业及旅游区域
6	交通干道和其他商业区域
3	其他行车道路
0	所有其他区域或 $F<4$ 时

表 D-3　管道重要性参数 *E*

E 值	适用范围
10	管道直径≥1500mm
6	管道直径在 1000mm～1500mm 之间
3	管道直径在 600mm～1000mm 之间
0	管道直径<600mm 或 $F<4$

表 D-4　管道周围的土质影响参数 *T*

土质	一般土层或 $F=0$	粉砂层
T 值	0	10
注：根据已有的地质资料或已掌握管道周围的土质情况，按本表的规定确定土质影响参数 T 值。		

附件 E　功能性缺陷维护指数计算

1. 功能性缺陷参数 G 按式（E-1），或（E-2）计算

当 $Y<40$，$G=0.25\times Y$　　(E-1)

当 $Y\geqslant 40$，$G=10$　　(E-2)

式中　Y——运行状况系数按式（E-3）计算：

$$Y=\frac{100}{L}\sum_{i=1}^{n_2}P_iL_i \tag{E-3}$$

式中　L——被评估管道的总长度（m）；

L_i——第 i 处缺陷纵向长度（m），以个为计量单位时，1 个相当于纵向长度 1m；

P_i——第 i 处缺陷权重，见表 E-1；

n_2——结构缺陷处总个数。

2. 管道维护指数按式（E-4）计算

$$MI=0.8\times G+0.15\times K+0.05\times E \tag{E-4}$$

式中　K——地区重要性参数，详见表 D-2；

E——管道重要性参数，详见表 D-3。

表 E-1　功能性缺陷等级权重

缺陷代码、名称	缺陷等级及权重			计量单位
	1	2	3	
CJ 沉积	0.50	2.50	10.00	m
JG 结垢	0.15	0.75	3.00	个（环向）或 m（纵向）
ZW 障碍物	0.00	3.00	6.00	个
SG 树根	0.15	0.75	3.00	个
WS 洼水	0.01	0.05	0.20	m
BT 坝头	0.50	3.00	6.00	个
FZ 浮渣	不参与 MI 评估计算			m

附录F　流量测定方法

附录F-1　容器法

适用于井的混接流量测定和检测上下游流量差。所使用的器材有容器（至少一面是平面）和秒表。

流量公式为：$Q=V\times3600\times24/t$　　(F-1)

式中　Q——流量，m^3/d；

V——容器内水的体积，m^3；

t——收集时间，s。

附录F-2　浮标法

适用管道非满流的情况。所使用的器材有浮标、皮尺和秒表。浮标流动的起止点距离用皮尺丈量，读数精确到厘米。浮标流动的时间采用秒表计时。

流量公式为：$Q=A\times v$　　(F-2)

流速公式为：$v=L/t$　　(F-3)

式中　Q——流量，m^3/d；

A——管道横断面面积，m^2；

v——流速，m/s；

L——浮标流动的起止点距离；

t——所用的时间，s。

在式（F-2）中，管道横断面面积A根据管道横断面形状分为矩形和圆形两种计算公式，分别为：

A（矩形）＝管沟宽×水位高　　(F-4)

A（圆形）$=1/2\ lR\pm1/2dh$　　(F-5)

式中　l——AB的弧长，m；

R——管道断面的半径，m；

d——水面位置的弦长即 AB，m；

h——三角形 AOC 的高即图中的 OC，m。

如图 F-1。

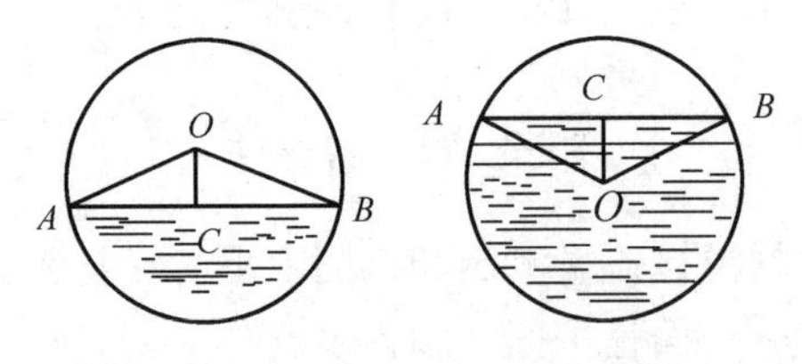

图 F-1 管道面积计算示意图

附录 F-3 速度—面积流量计法

适用于满管和非满管的流量测量。所使用的器材有速度一面积流量计、探头固定装置和计算机。使用该仪器进行流量测量时应注意以下事项：

1）安装探头时应注意避免被泥土覆盖。

2）管中水流清澈时，该仪器无效。

3）仪器在使用前要进行校准。

4）安装时，应保证测量点。

附录G　雨污混接程度计算

1. 混接水量程度 C 按式（G-1）计算：

$$C=|(Q-0.85q)|/Q\times 100\% \tag{G-1}$$

式中　C——混接水量程度；

q——被调查区域的供水总量（m^3/d）；

Q——被调查区域的污水排水总量（m^3/d）。

若调查区域有独立的泵站或污水处理厂，则以被调查区域的污水输送泵站（或处理厂）连续3个旱天的日平均输送（处理）水量作为计算值进行计算。若调查区域未设独立的污水输送泵站（或处理厂），则以连续3个旱天的日调查区域所有进水口与出水口单日测得的流量监测数据差值作为计算值进行计算。地下水入渗与外渗根据实际测得的调查区域渗水量加入计算。

附录 H 常用非开挖修复技术适用的管径及检查井

附录 H-1 常用非开挖修复技术适用排水管道管径一览表

常用非开挖修复技术适用排水管道管径一览表（单位：mm）

修复技术		管径＜800	管径 800～1500	管径 ≥1500	检查井	常用修复技术
辅助修复	地基加固处理	●	●	●	●	土体注浆技术
局部修复	化学注浆	●	—	—	—	管内化学灌浆修复技术
	套环法	—	●	●	—	不锈钢双胀环修复技术
		●	●	—	—	不锈钢发泡筒修复技术
	局部内衬	—	●	●	—	局部现场固化修复技术
整体修复	现场固化内衬	●	●	●	●	现场固化内衬修复技术
	螺旋管内衬	●	●	●	—	机械制螺旋管内衬修复技术
	短管及管片内衬	●	●	●	●	短管焊接内衬修复技术
	涂层内衬	—	●	●	●	聚合物涂层修复技术

注：表中“●”表示适用。

附录 H-2　非开挖修复技术的选择表

非开挖修复技术的选择表（管径单位：mm）

修复技术	土体注浆	管道化学灌浆	不锈钢双胀环	不锈钢发泡筒	局部现场固化	现场固化内衬	机械制螺旋管内衬	短管焊接内衬	折叠管牵引内衬	水泥基聚合物涂层
适用管径	所有	所有	管径大于等于 800 以上及特大型管道	管径 150～1350	管径 200～1500	管径 150～2200（紫外线固化适用于管径不大于 1600）	扩张法管径 150～800 固定口径法管径 450～3000	小管径 350～700 中管径 800～1500 大管径 1600～2400	管径 300～600	管径大于等于 800 以上
适用管材	所有	所有	所有	钢筋混凝土管	所有	所有	所有	钢筋混凝土管	所有	钢筋混凝土管
适用时效	临时、永久	永久	临时、永久	临时、永久	临时、永久	永久	永久	永久	永久	临时、永久
止水		○	○	○	○	○	○	○	○	
恢复强度		○				○	○	○	○	
破裂		○	○	○	○	○	○	○	○	○
变形			○		○	○	○	○	○	○
错位	○		○		○	○	○	○	○	○
脱节	○		○	○	○	○	○	○	○	○
渗漏	○	○	○	○	○	○	○	○	○	○
腐蚀						○	○	○	○	○

1

续表

修复技术	土体注浆	管道化学灌浆	不锈钢双胀环	不锈钢发泡筒	局部现场固化	现场固化内衬	机械制螺旋管内衬	短管焊接内衬	折叠管牵引内衬	水泥基聚合物涂层
优点	施工方法简单，止水有效。可填充土体空隙，增加承载力	秒级固化，快速堵漏，同时在管道外部形成一层柔性止水层，修复后管道结构发生轻微形变的情况下保持止水堵漏效果。浆液环保无毒	施工速度快，质量稳定性较好	施工速度快、止水效果好、使用寿命长、可带水作业	施工速度快，耐腐蚀，使用寿命长	施工速度快，具有耐腐蚀、耐磨损，可防地下水入渗问题，整体修复效果很好	可带水操作，施工速度快，耐腐蚀，独立承载性，使用寿命长	施工速度快，内衬管强度高，接口质量可靠，设备简单，价格低	速度快、相对价格低	柔韧性好，可抵抗构筑物产生的细小裂缝。施工方便、无接缝，设备简单，价格便宜
缺点	需要配合其他工法使用	材料成本较高	对水流形态和过水断面有一定影响。不适用于绞车疏通	对水流形态和过水断面有一定影响，但较小。不适用于绞车疏通	材料成本很高，大口径修复成本高，施工技术要求高	材料成本较高	材料成本较高	管道修复后断面损失比较大	内衬管对管道断面的损失较大。仅适用于小管径。施工安全性较差	小管径管道无法修理，接口多、对管道表面处理要求高，工期长
造价	低	中	高	高	高	较高	高	中	中	中

注：表中“○”表示适用。

附录I 排水口末端治理技术应用案例

1. 液动下开式堰门截流技术应用案例

德国爱森纳赫（Eisenach）截污工程：在排水口前设置有截流措施，并安装一台规格为 2.25m×3m 的液动下开式堰门用于合流污水的溢流水位控制，同时防止自然水体倒灌进入管网。

旱天时，液动下开式堰门处于晴天时截流倍数对应的截流高度，旱流污水完全截流至污水处理厂。

降雨初期，生活污水与初期雨水完全截流至污水处理厂，当截流井水位达到设定高度后，超声波液位传感器将信号传给控制系统，控制系统控制液动下开式堰门向下开启，后期雨水通过液动下开式堰门顶部溢流入自然水体。

当截流井的雨水向自然水体排放时，截流井内的浮动挡板可以对排向自然水体雨水中的漂浮物和悬浮物进行拦截，防止漂浮物和悬浮物进入自然水体。

当自然水体水位上涨时，控制系统控制液动下开式堰门上升，使堰顶始终比自然水体水位高，防止水体水倒灌，保证雨天排水安全。

2. 浮控调流污水截流技术应用案例

山西省某城市排水系统改造工程：该改造工程为合流制管网，截污干管沿水体输送污水，截流倍数较小。降雨时水量增大，超过截污干管输送能力，雨污混合水直接漫出，进入水体，造成污染。

通过改造，在非降雨期间和初期降雨时，污水或雨污混合水通过旱季流槽，经过调流阀进入下游污水管道。降雨继续，水量持续增大，调流阀可保证恒定的过流量。无法进入截流管道的来水经过短暂沉淀后，依靠拦渣筒拦截大件漂浮物、浮油、SS 等污染物，通过溢流堰，保证溢流水的水质安全。

设计参数：进水管为 $DN800$、$DN600$；检查井尺寸为 4100×3900×6000mm；调流阀型号为 $DN800$，过流量为 1.08m^3/s；可调溢流堰长 1.9m；拦渣筒长 1.9m。

3. 水力自洁式滚刷技术应用案例

湖北省某市合流箱涵改造工程：老旧的合流制箱涵直接排放污水进入湖区。改造目的是控制溢流水水质，保证防洪安全。

采用水力自洁式滚刷＋溢流式闸门。旱天时，污水由截流管送入污水处理厂；降雨开始，水量增大，超过截流管的输送能力，排水口井内水位上升至溢流堰高度时，开始发生溢流。滚刷截流溢流水中的固体污染物，保证溢流水的水质。此时溢流式闸门呈竖直状态。当降雨继续，水量持续增大，为了保证不发生城市内涝，溢流式闸门放下，增大过流量。降雨过程结束后，收集在滚刷自带封闭空间内的污染物会自动落下，排入污水管中。

4. 浙江省某市老城区排水口管控项目

项目所在地为浙江省某市老城区，其排水系统为合流制管网，截污干管沿护城河输送污水至污水处理厂，暴雨时水量增大，超过截污干管输送能力，雨污混合水则不经过任何处理直接溢流进入护城河，造成污染。此外，当水体水水位较高时，容易出现水体水通过排水口倒灌进入管网的事件。项目目标：控制溢流水位和水质，防止水体水倒灌。采用的工艺是：粗格栅＋水力自洁式滚刷＋防洪挡板。

在降雨期间，当水量增大，水位上升至溢流堰高度时，开始发生溢流。水力自洁式滚刷截流溢流水中的固体污染物，保证溢流水的水质。同时在滚刷后面安装防洪拍门，防止水体水倒灌进入管网内。降雨过程结束后，收集在滚刷自带封闭空间内的污染物会自动落下，通过晴天流量排入污水管中。

附录J　非开挖修复工程案例

1. 热水原位固化技术修复工程案例

上海北翟路管道修复工程：修复管道长度 180m，管径 1500mm。采用热水原位固化法，工期 20d。设计计算的内衬壁厚为 21mm，管道加固后的水力复合结果显示管道流速增加 13.4%，过流能力增加 4.3%。管道预防性加固后可确保管道正常使用 30a 以上。

2. 不锈钢发泡筒修复工程案例

福建永春县某路段管道修复工程：修复管道长度 40m，管径 1000mm，管材为钢筋混凝土管。管道结构缺陷情况：破裂 2 级。采用不锈钢发泡筒修复，修复后的管道接口整体平整光洁，不锈钢发泡筒材料紧贴于旧管道的管壁，在接口的破损处形成一个新的结构，解决了脱节处地下水渗漏，以及管道破损等问题。整体修复效果良好。修复前后效果见详见图 J-1。

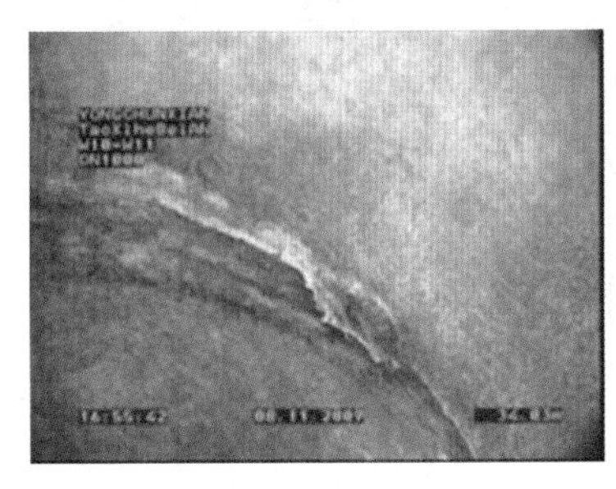

图 J-1　不锈钢发泡筒修复工程效果对比图

3. 点状原位固化修复工程案例

广州市某路段管道修复工程：管道长度 33m，管径 1000mm，管材为玻璃钢夹砂管。破裂 3 级、渗漏 1 级。采用点位原位固化法修复。修复前后效果见详见图 J-2。

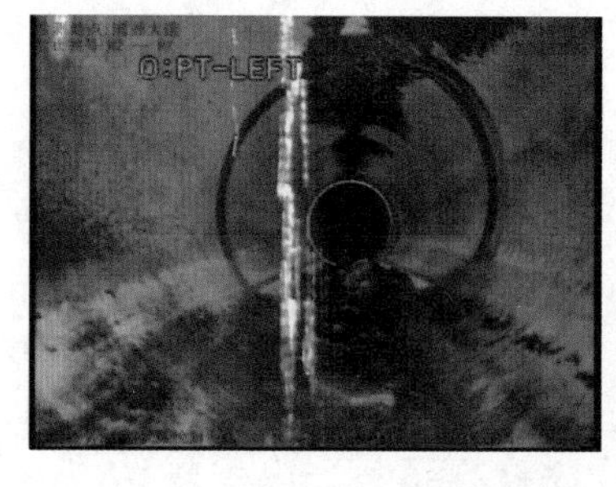

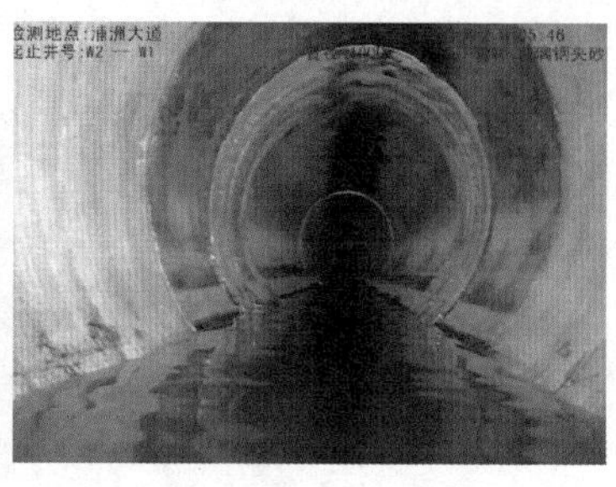

图 J-2　点状原位固化修复工程效果对比图

4. 检查井原位固化修复工程案例

上海市某路段检查井修复：井深 3.5m，直径 1000mm。井壁腐蚀、破裂、底部渗漏，采用热水原位固化技术内衬修复。修复前后效果见详见图 J-3。

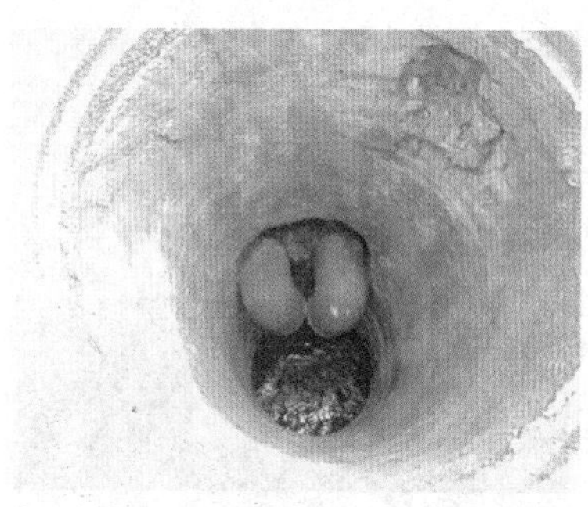

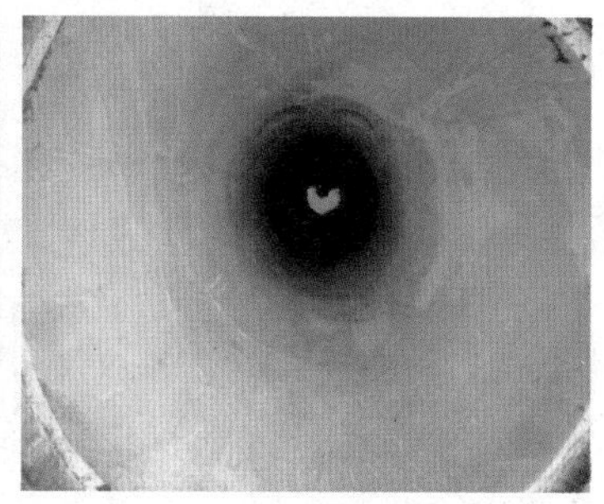

图 J-3　检查井原位固化修复工程效果对比图

5. 检查井光固化贴片内衬修复工程案例

金华市某路段检查井修复工程：井深 2.9m，直径 1m。井壁腐蚀、破裂、底部渗漏，采用检查井光固化贴片内衬修复。修复前后效果见详见图 J-4。

6. 检查井喷涂内衬修复工程案例

金华某路，井深 3.2m，直径 1m。井壁腐蚀、破裂、渗漏，

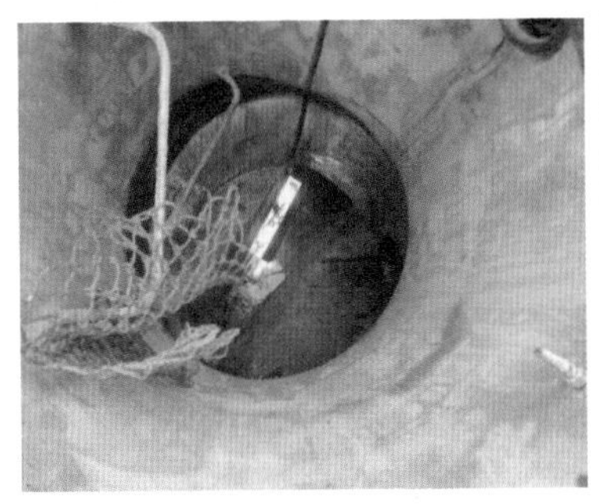

图 J-4　检查井原位光固化修复工程效果对比图

采用检查井喷涂内衬修复。修复前后效果见详见图 J-5。

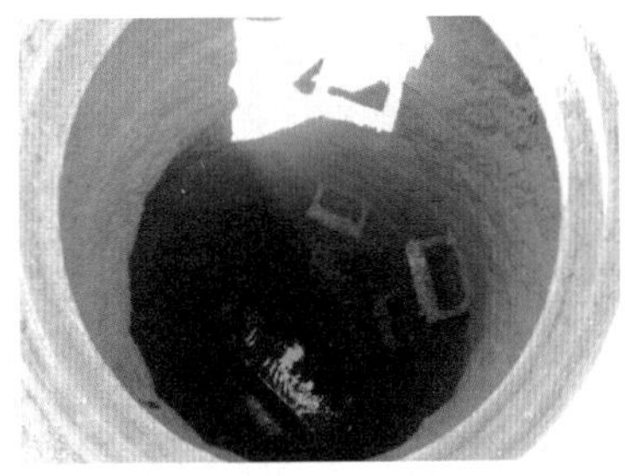

图 J-5　检查井喷涂法修复工程效果对比图

附录K　调蓄池应用案例

1. 厦门杏林湾九天湖综合整治工程

厦门杏林湾九天湖区域为合流制管道系统，本工程位于厦门市杏林湾滨水西岸段九天湖桥西桥头南侧绿化带下，有效容积约 26000m^3。调蓄池尺寸：$L \times B = 198.8\text{m} \times 28\text{m}$，深度 5m，有效水深 4.5m。初期雨水通过截流井中的水平格栅过滤后进入调蓄池内，悬浮物和漂浮物被水平格栅拦截。自清洗水平格栅的规格为 5950mm×1283mm（共 2 台），同时调蓄池内部设置了 8 台智能喷射器，用于对调蓄池进行曝气冲洗。

晴天时，管道污水流量小于污水处理厂的最大处理量，污水直接进入污水处理厂处理。在降雨初期，初期雨水流量和污水流量之和小于污水处理厂的最大处理量，混合污水也同样直接进入污水处理厂处理。初期雨水流量和污水流量之和大于污水处理厂的最大处理量，一部分混合污水（雨水＋污水）进入污水处理厂进行处理，剩余的混合污水经过自清洗水平格栅进入到初雨调蓄池，悬浮物和漂浮物被拦截。当调蓄池蓄满时，电动闸门关闭，不再向调蓄池进水。为防止调蓄池发臭，智能喷射器间歇性曝气。降雨继续进行，缓冲池的水位上升到紧急排放水位时，后期雨水直接通过溢流堰排放到自然水体。

当缓冲池流量小于污水处理厂的最大处理量时，潜污泵开始将初雨调蓄池的雨水抽送至污水处理厂进行处理，同时智能喷射器开始搅拌，让污水带走沉积物。当调蓄池的水位下降到池底时，智能喷射器开始对池底进行冲洗，冲洗后的污水通过潜污泵送到污水处理厂处理。

2. 安徽省某市老城区合流制完善工程

安徽省某市合流制老城区，由于老城区内部分区域为合流制排水系统，部分为分流制排水系统，导致管道错接乱接情况较为严重，加之截污干管老化、地下水入渗量大，从而易产生溢流，污染水体，并存在水体水倒灌问题。该项目作为新建截污干管配套设施，主要用于合流制溢流水调蓄及处理，尽量实现来水就地处理达标排放，减轻污水处理厂处理负荷。项目实施目的是控制溢流水水质，防止水体污染及倒灌，减轻污水处理负荷，为生态处理设施提供合适水源。

调蓄池类型为合流制溢流调蓄池，调蓄池分为沉淀区、过流区和溢流区。沉淀区使用最为频繁，过流区居中，溢流区使用次数最少。采用分区设计后，可提高各个分区的使用效率，各个分区进水频率及浓度不同，相应的运行维护周期及费用也不同，有利于今后的长期运行中的设备状态及工作效率，降低总体运行维护费用。

调蓄池进水采用平板细格栅+水力颗粒分离器+门式自动冲洗系统+浮控调流阀。调蓄池集水区面积：128ha；调蓄容积：11500m^3（分区区间分别为4500m^3、4500m^{3}及2500m^3）；有效水深：3.1m；过流量：1500L/s；调蓄池埋深：7.5m；工程投资：约7000万元。

调蓄池为完全地埋式，地面为市政停车场及休闲广场。调蓄池前端设置截流井，非降雨期及降雨初期来水通过浮控调流阀送入污水管道，溢流水经过粗格栅后由浮控调控设施控制，稳定进入调蓄池。一般情况下，根据降雨量，来水通过配水渠首先进入收集池内，收集池满后，进入通过池，通过池满后，最后进入综合池。配套门式自动冲洗系统对调蓄池底板进行冲洗。收集池内来水浓度最大，降雨结束后全部由水泵送入污水管网；通过池内除上层水外全部送入污水管网；综合池只需将下层水及冲洗污水送回污水管道。通过池和综合池在池体内设置水力颗粒分离器对对通过池上层水、综合池中上层水及持续溢流水进行深度处理，处理过后溢流排出。溢流处设置平板细格栅，对过量溢流水进行简单处理后排出。所有水池溢流水可进入河岸生态处理设施，再次处理后进入水体。调蓄池满后，若发生极端降雨，来水量远大于持续溢流量，则开启紧急溢流通道直接由截流设施向水体排水，保证防洪安全及设施安全。调蓄池内设置通风设备，防止调蓄池内存积有害气体。调蓄池内设置检修孔及必要的检修通道，便于日常设施维护。设备运行后通过摄像头或人工检查，保证设施正常运行。

在项目实施之前，沿河排口每年的溢流次数达上百次。项目实施后，处理后的出水溢流频率约每年 5～10 次，紧急溢流频率降至每年 1～3 次。出水 COD 及 SS 浓度降低 60%～80%。

附录 L 就地处理应用案例

1. 住房城乡建设部“双修双城”试点项目

由于三亚污水管网覆盖尚未完善，部分中心城区、城中村、村庄的生活污水通过雨水管直接排进水体内，对三亚河的水体水造成了污染。在管网未覆盖区域，采用快速生物处理装置对污水进行就地处理，解决污水直接排入水体的问题。

项目共建设 11 处采用快速生物处理技术的污水处理站，单站设计处理能力为 500～3000m^3/d。出水水质执行《城镇处理厂污染物排放标准》GB 18918—2002 一级标准的 A 标准。

2. 北京市清河排水口应急治理工程

清河沿岸目前仍然存在城中村居民的间接通过雨水排水口排放污水，为在管网覆盖前解决直排污水处理问题。采用磁分离技术用于 3 个排水口的截污治理，截除色度和 SS 等致黑致臭物质。3 个排水口总处理量为 37000m^3/d，COD 去除率≥50%，SS 去除率≥80%，TP 去除率≥80%。

3. 深圳市后海片区直排污水应急治理工程

后海片区位于深圳市南山区大南山以东，滨海大道以南区域，土地面积约一半为填海造地形成。采用磁分离技术用于临时应急治理措施，解决现状污染问题，避免污水直排进入深圳湾。目前共有 6 个排水口，总处理水量达 10 万 m^3/d，COD 去除率≥50%，SS 去除率≥80%，TP 去除率≥80%。

附录M　管道缺陷及雨污混接调查示例

附录M—1　排水管道结构性缺陷

本附录收集了全国部分城市排水管道缺陷检测的实景照片，这些缺陷等是排水管道普遍存在的，甚至是触目惊心的。各种缺陷不但直接影响了排水管道功能的正常发挥，为地下水入渗或污水外渗提供了“通道”，也使排水管道设施存在严重的安全隐患。

1. 渗漏（地下水入渗）

导致地下水入渗的渗漏缺陷是我国排水管道最为普遍的缺陷，有的城市该类缺陷占总缺陷的50%～70%，而德国该类缺陷仅占总缺陷的5%。如下图片示例有力证明了地下水入渗的确是导致排水口“常流水”、污水处理厂进水浓度异常偏低、排水管道“清污不分”的主要原因。

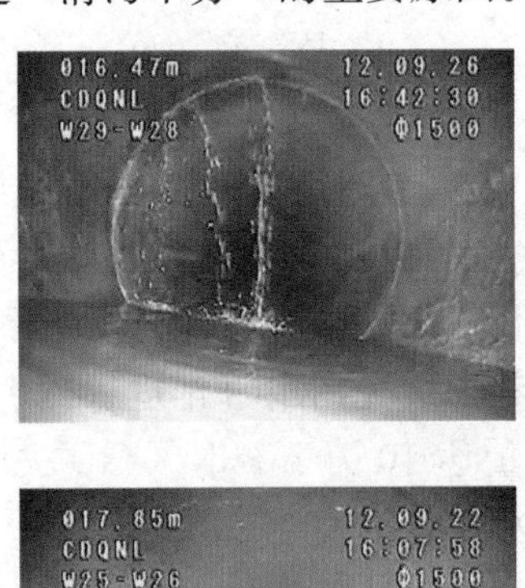

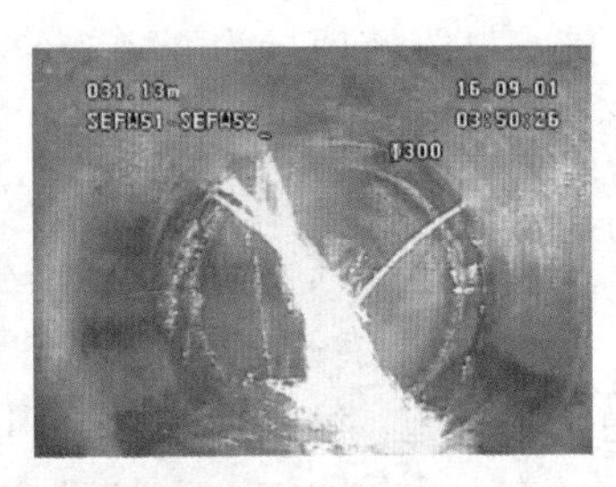

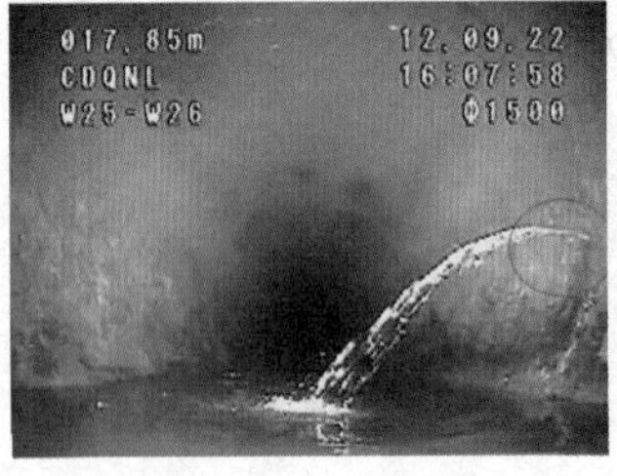

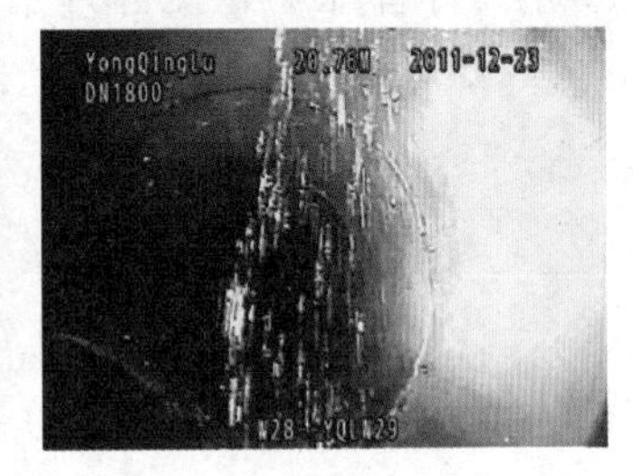

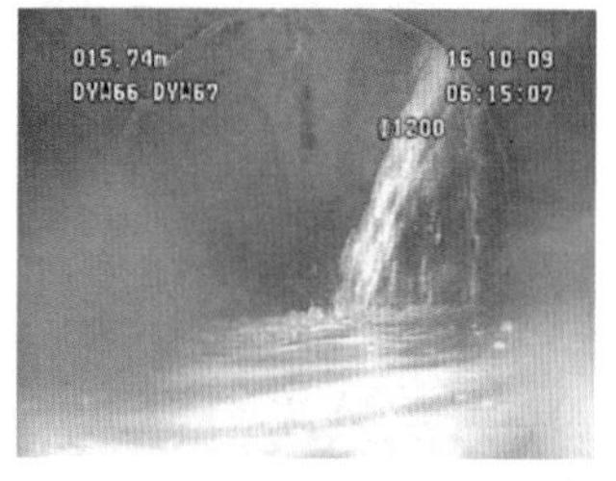

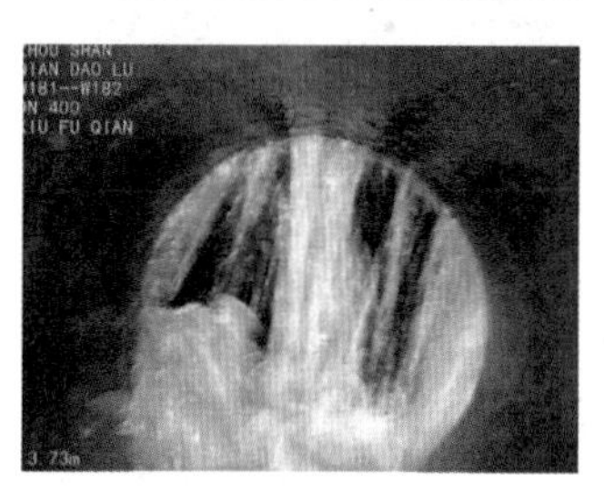

2. 地下水入渗对污水处理厂进水水质影响示例

某镇小区平均化学需氧量浓度为 322mg/L，收集管网为 147mg/L，干线平均 125mg/L，污水处理厂集水井为 118mg/L，从上游到下游浓度一级比一级淡。污水处理厂最终浓度仅为小区平均浓度的 36.6%。

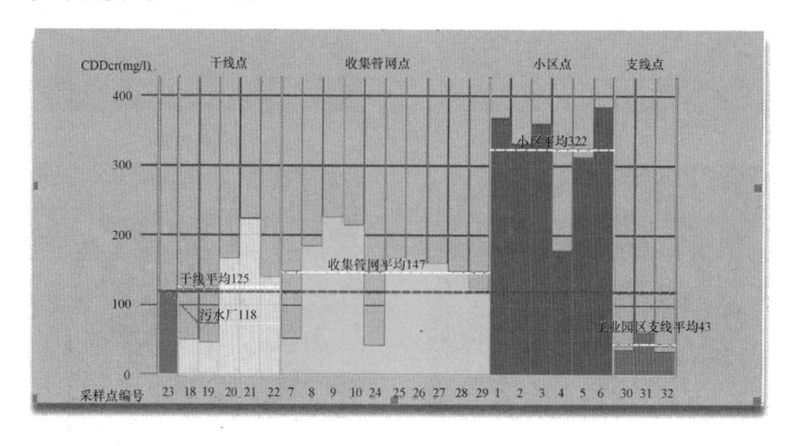

经对其排水管网检测，共计发现整个镇排水管网的各种缺陷总计 248 处。在发现的各类管道缺陷中，又以渗漏（地下水渗

漏）最为严重，占各类缺陷总数的 57.7%。仅污水处理厂收集范围内的地下水渗漏点就达 116 处，渗漏总量为 2500m³/d。

3. 其他结构缺陷示例

管道变形、破裂、脱节、错位等缺陷都是可能为地下水入渗，或者污水外渗提供了“通道”。

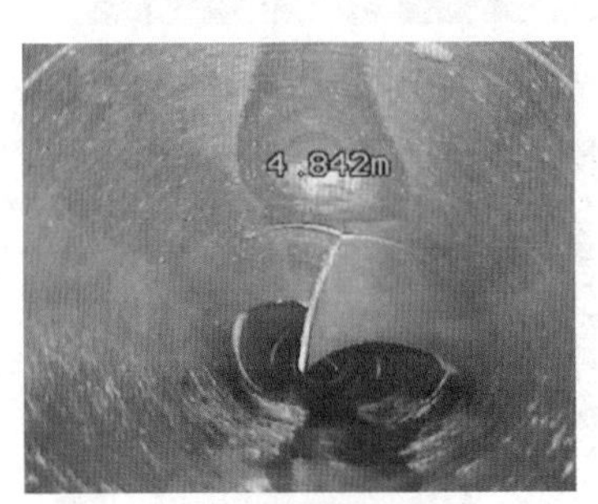

管道变形

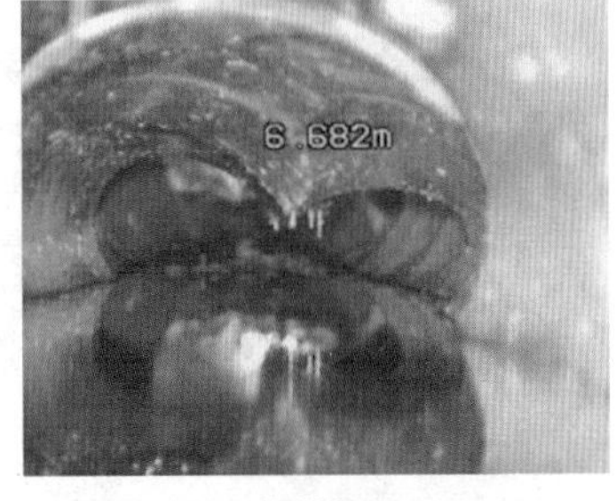

管道变形

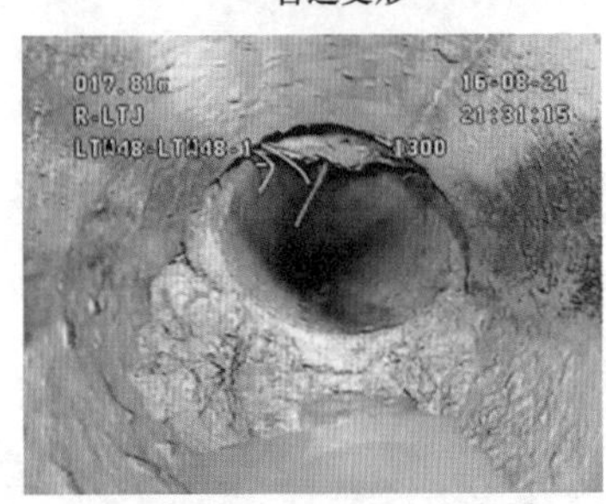

接口错位

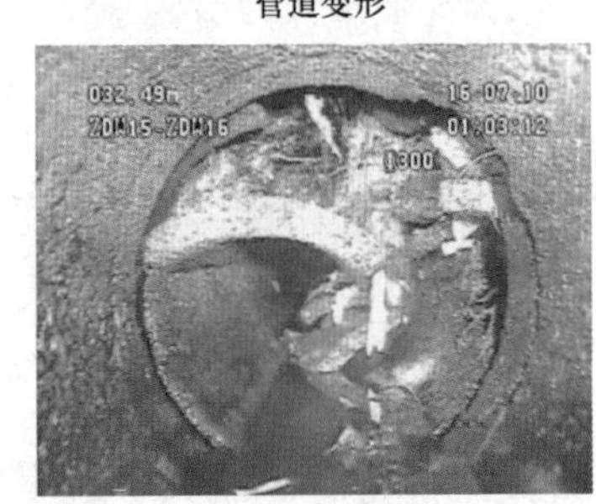

管道破裂

管道脱节

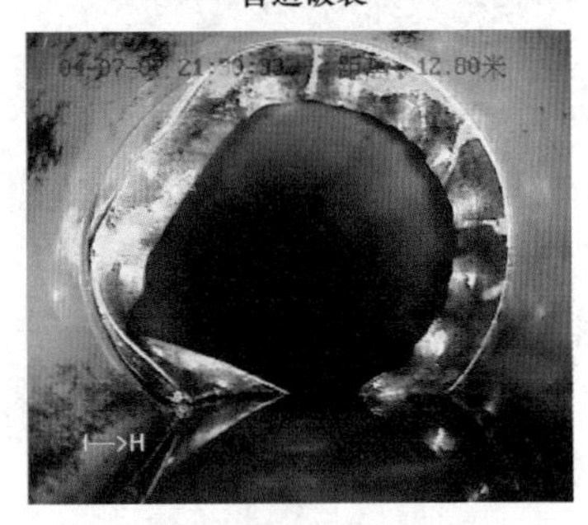

胶圈脱落

目前开挖修理和非开挖修理技术已十分成熟，解决渗漏和其他结构性缺陷问题已不是难题。只要把排水管道及检查井缺陷修理作为城市黑臭水体整治的重要内容和主要工作，就能够治理好排水管道缺陷，堵住地下水入渗，或污水外渗。

附录 M—2　功能性缺陷（沉积）示例

排水管道中沉积物进入水体是引起水体污染、黑臭的主要因素之一，很多地方水体“下雨就黑”就与管道淤泥在雨天排入河道有很大关系。各种沉积物照片如下：

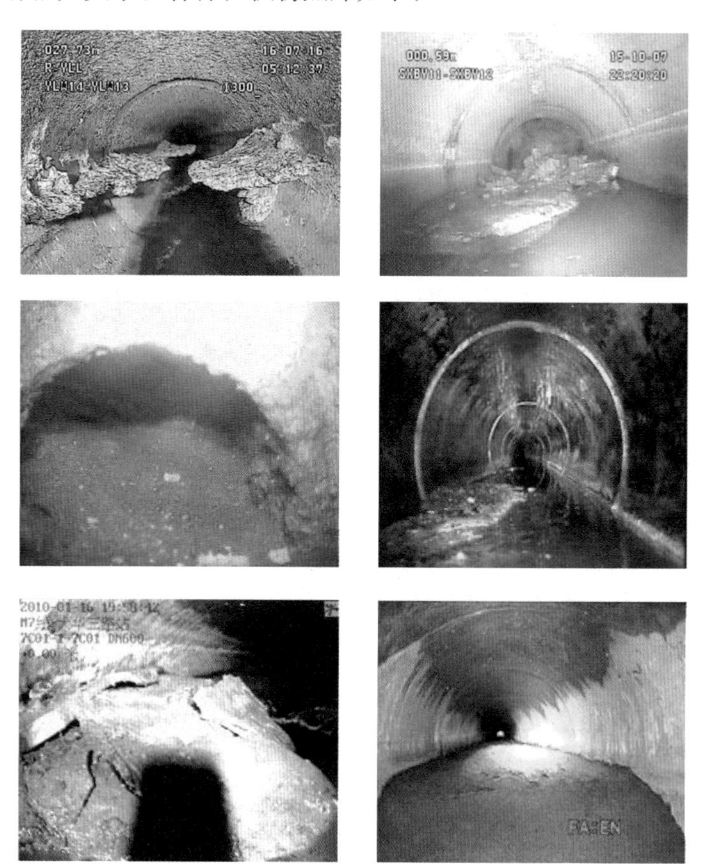

排水管道日常维护的中最重要工作之一就是管道清通，只有按照《城镇排水排水管道与泵站运行、维护及安全技术规程》CJJ 68－2016 的具体要求，从整治城市黑臭水体的大局出发，保障经费，落实队伍，排水管道中沉积物进入水体的量就会大大减少。

附录 M—3　雨污混接调查示例

上海某区对一分流制雨水排水系统的雨水管道进行了污水混接情况的调查，共调查雨水检查井 457 座，雨水口 510 座，污水检查井 306 座。共计发现污水混接进入雨水系统的混接点 97 处。某混接点调查表示例详见下图。

混接点编号010102 所属排水系统大武川　　下游泵站名称大武川泵站

调查时间20151201

所在道路	国权北路	混接点示意图
混接地点	国权北路 29 号（近三门路）	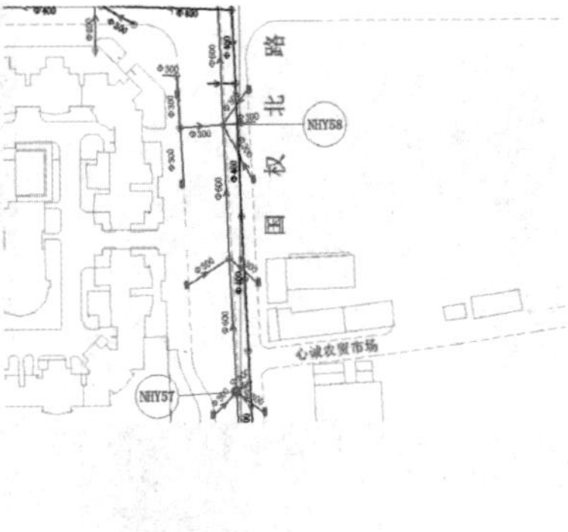
混接情况说明	污水管接入雨水井	
水混注度	较浑浊	
混接原因	菜市污水管接入雨水检查井	
备注	旱天：污水管流量 666m^3/s（10—30），820ml/s（13：15），940ml/s（17：00）	

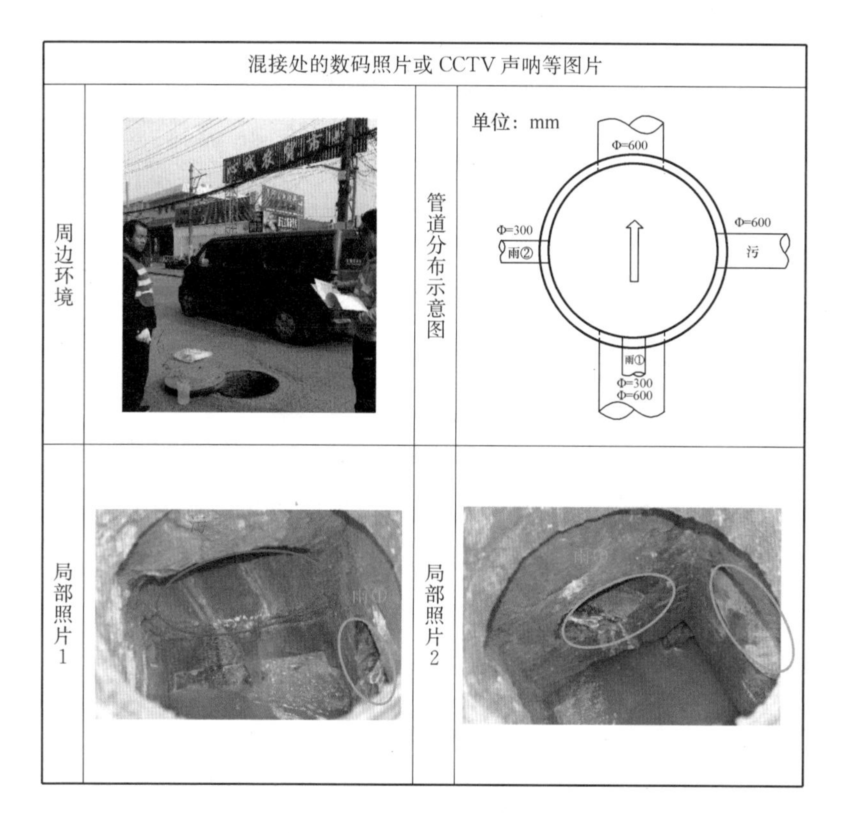

上海某排水系统雨污混接（污水混接至雨水管道调查表）示例

混接水量调查发现：90%混接点污水量为 $200m^3/d$ 以下，属于轻度混接；9%的混接点污水量为 $200\sim600m^3/d$，属于中度混接；1%的混接点混接污水量为 $600\sim742m^3/d$，属于重度混接。

混接水质调查发现：32%的混接点 COD_{Cr} 浓度为 30～100mg/L，属于轻度混接；27%混接点 COD_{Cr} 浓度为 100～200mg/L，属于中度混接；41%的混接点 COD_{Cr} 浓度为 200～1600mg/L，属于重度度混接。部分混接点水质情况，详见下表。

上海某排水系统混接点水质检测数据

位置	混接点编号	化学需氧量（COD_{Cr}）	pH	氨氮（NH_3-N）	动植物油	阴离子表面活性剂（LAS）	备注
国权北路	010101	56.3	7.06	13.6	1.63	1.77	混接点最后一个井
国权北路	010102（污）	941	6.17	24.2	7.5	6.82	混接点第一个井
国权北路	010102（合）	46.2	7.21	11.5	1.36	1.31	混接点第一个井
三门路	010103	48.2	7.15	11.8	2.52	3.85	水样较清
三门路	010104	119	6.72	11.3	5.40	5.82	水样较清
三门路	010105	153	6.98	17.6	4.79	6.21	水样较清

该示例显示，两种评判混接程度的方法结论不一致，也说明混接程度不能够轻易用一种方法评判其混接程度，需要综合评定后确定。

混接污水与入渗地下水共同造成了分流制雨水排水口的“常流水”，更是常规截污措施解决不了的盲点，也让本该进入污水处理厂的污水“短路”进入水体。

雨污混接改造同样也是城市黑臭水体整治的重要内容和工作，而雨污混接问题的解决没有捷径，一是只有在调查的基础上，认认真真，踏踏实实地一个混接点和一个混接点地改造；二是加强管理。分流制排水系统能否实现真正的分流，是检验排水管理水平的重要标志。

注：本雨污混接调查示例摘自《上海市杨浦区大武川分流制排水系统雨污混接重点调查与评估报告》同济大学，2016 年 10 月。